DES
CORVÉES.

NOUVEL EXAMEN
DE CETTE QUESTION;

ET PAR OCCASION

FRAGMENT

D'UN ESSAI SUR LES CHEMINS.

Qui discute a raison, & qui dispute a tort.

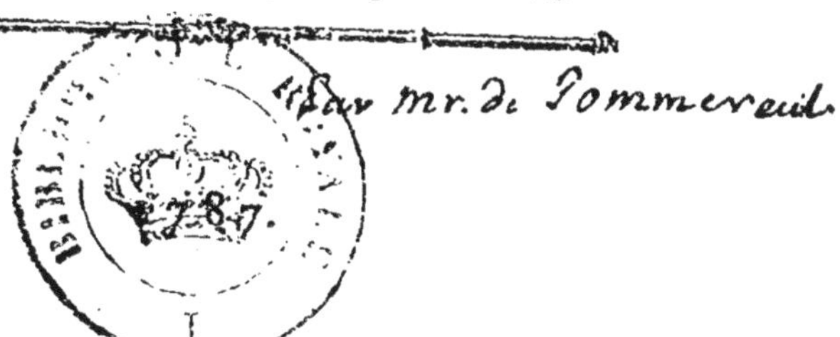

Par mr. de Pommereul.

DES CORVÉES.

Après le mémorable Edit de suppression des Corvées, donné en 1776, après les excellens Ouvrages sur cette matiere qui l'avoient précédé & qui l'ont suivi, après la loi de 1786, qui a converti la Corvée dans une prestation pécuniaire, il semble qu'il n'y ait plus rien de nouveau à dire sur cet important sujet.

Cependant on n'auroit point publié cet ouvrage si l'on n'avoit cru à son utilité. En le soumettant au jugement de la Nation, on remplit un devoir de citoyen.

Sa publication sera légitimée par ces paroles que le Roi a bien voulu adresser à son peuple, dans le préambule de l'Arrêt de son Conseil du 6 septembre 1786.

« Le Roi a été persuadé qu'il ne pouvoit
» pourvoir plus efficacement au soulagement de
» ses sujets, qu'en substituant une contribution
» pécuniaire à la Corvée en nature. Cependant
» comme l'expérience peut seule bien constater
» les avantages de ce changement, Sa Majesté
» a résolu de ne l'établir que pour un tems

A 2

» limité, *pendant lequel ses sujets auront la*
» *liberté de faire connoître leur vœu sur la*
» *méthode qui leur paroîtra la moins onéreuse,*
» se réservant après ce délai de déclarer défi-
» nitivement ses intentions sur un objet *telle-*
» *ment lié au bonheur de ses peuples, qu'il*
» *méritera toujours de sa part une attention*
» *particuliere.* »

Un Roi, qui du haut de son Trône, appelle ainsi la vérité, est digne de l'entendre.

L'histoire ne nous montre que trop de Princes sous lesquels, si ce n'eût été un crime, c'eût été du moins une grande faute de la laisser seulement entrevoir : mais, sous un Roi qui veut le bien, sous l'empire d'un pere qui approche de lui ses enfans, qui les consulte sur les intérêts de la grande famille dont le Ciel l'a chargé, il ne faut plus de courage pour la dire.

Un tel Prince pardonne sans peine à celui qui ne l'ayant pas découverte, croit cependant la lui offrir. Si ce qu'on lui présente n'est point cette vérité qu'il cherche, il voit du moins le zele qu'on a mis, les efforts qu'on a faits pour la trouver, & près de lui les loyales intentions d'un auteur suffisent à son excuse : ce sera la mienne, si je n'ai pas réussi.

Les grands chemins sont en France d'une institution tout-à-fait moderne. On n'a songé à s'en occuper que vers le commencement de ce siecle. Jusqu'ici on les y a généralement faits par la voie de la Corvée gratuite, c'est-à-dire, par le moyen qui devoit les rendre les plus chers & les plus mauvais, & qui ajoutoit à ces vices l'inconvénient de condamner à leur travail une claffe d'hommes auxquels les grands chemins font non-feulement inutiles, mais nuifibles. Ces vérités étant aujourd'hui unanimement admifes, il feroit fuperflu d'infifter fur leur développement, comme il feroit peu convenable de fe faire l'écho des murmures qui fe font élevés contre le Gouvernement, lorfqu'il n'ufoit de ces moyens que faute d'en pouvoir employer d'autres. Le tems feul, l'expérience & les lumieres qui viennent à fa fuite, peuvent améliorer l'adminiftration, ainfi que toute autre branche des connoiffances humaines, & il n'eft donné à aucun établiffement de commencer par la perfection.

Les défauts & l'injuftice de la Corvée reconnus, on a effayé d'y fubftituer une taxe fur les Paroiffes fujettes à ce travail, au moyen de laquelle des Entrepreneurs feroient la partie de chemin qu'auroient dû faire ces Paroiffes, en laiffant toutefois à ces dernieres l'option de payer ou d'exécuter elles-mêmes leur tâches. Ce moyen, quoiqu'il ne foit qu'un palliatif, & qu'il puiffe être la fource d'une foule d'abus & de vexations pécuniaires, a pourtant été affez avidement embraffé par les Corvéables, qui ne voyoient, & avec raifon, rien de pire que la Corvée.

Des Adminiftrations provinciales ont perfectionné ce dernier fyftême, en faifant participer à la taxe pour les chemins, les Paroiffes qui, par leur éloignement des routes, fe trouvoient ne pouvoir être appellées à leur travail. Cette extenfion donnée à fa répartition, l'a rendue à la fois plus facile à fupporter & plus jufte, puifqu'en effet les Paroiffes trop diftantes des

chemins pour y pouvoir être employées , par-
tagent cependant dans un certain rapport les
bénéfices qu'ils procurent.

Tels font les progrès qu'a fait jufqu'à ce
jour, je ne dis pas l'adminiftration des chemins ,
mais fa légiflation ; & c'eft à ce point que l'auteur
du *Mémoire fur les Corvées* , veut qu'on s'en
tienne. C'eft cette forme qu'il veut qu'on con-
facre par une loi générale (*a*). Cependant il
femble que cette méthode offre encore de grands
inconvéniens auxquels il n'eft peut-être pas im-
poffible de trouver un remede.

L'Auteur établit parfaitement la fupériorité
de ce fyftême fur celui de la Corvée gratuite,
& prouve d'une façon très-folide qu'il ne faut
pas même laiffer aux Paroiffes l'option de payer
leur taxe, ou d'exécuter le travail auquel elle
eft deftinée. Tout ce qu'il dit à ce fujet annonce
les vues d'un Magiftrat à la fois jufte & inftruit.
Mais il s'en faut beaucoup qu'il réfolve d'une
maniere auffi fatisfaifante les difficultés que pré-
fente le fyftême de l'établiffement de la taxe
qui devroit remplacer la Corvée. Rien n'étoit
plus aifé que de prouver que cette taxe eft
préférable ; mais les objections qu'on peut oppofer à fon établiffement, comme la crainte
de fa permanence, après la confection des routes, la crainte de voir fes fonds diftraits & la

---

(*a*) Elle a paru cette loi. C'eft l'Arrêt du Confeil
du 6 feptembre 1786. La grande fenfation faite par ce
Mémoire , attribué à M. de la Galaifiere , paroit l'avoir
fait naitre. Ce Mémoire a été fort répandu , mais
ne s'eft point vendu.

Corvée rétablie , la difficulté de l'affeoir & de la repartir avec équité , celle de fa bonne adminiftration , &c. — Il faut avoüer qu'il les a bien moins détruites qu'éludées.

Affeoira-t-on cette taxe, comme le propofe l'auteur du *Mémoire*, fur tous les propriétaires indiftinctement? les Capitaliftes, les Rentiers, les Négocians, les Marchands qui ufent beaucoup les chemins en jouiront fans payer ; le Clergé, la Nobleffe prétendront des exemptions auxquelles ils n'ont point de droits, & peut-être les obtiendront ; cet impôt retombera donc uniquement fur les Propriétaires du Tiers-Etat. Il femble qu'il y auroit quelque dureté d'ajouter à fes charges, déjà fi nombreufes, celle de lui faire fournir de beaux chemins à toute la France.

L'affeoira-t-on fur les Vingtiemes, comme l'avoit fait M. Turgot? les mêmes injuftices reparoitront. Le Clergé n'en paye point, la Nobleffe s'efforcera de fe dérober à cette nouvelle taxe, les Rentiers, les Capitaliftes n'en payeront point, & dans ce cas, comme dans le précédent, le Tiers-Etat fe trouvera grevé fous le poids d'un fardeau que le bon fens tout feul dit affez devoir être commun à tous ceux auxquels les chemins font utiles.

Enfin, l'affeoira-t-on fur la Taille? Cette impofition eft déjà fi mal repartie, qu'une addition à fes cottes actuelles, ne fera qu'aggraver l'injuftice & l'inégalité de fa répartition. Des Villes, & en grand nombre, fe font délivrées de ce fléau en fe foumettant à des droits d'entrée ; des Provinces entieres ne connoifient

(8)

point cet impôt, d'autres où il se trouve déjà
à un taux excessif, jetteront les cris du désespoir.
Cette base d'imposition ne peut donc être com—
mune, & toute addition qu'on y feroit ne sauroit
manquer d'aggraver les reproches assez généraux
qu'elle excite depuis trop long-tems ; & enfin,
par ce moyen, un seul des ordres du Royaume
payeroit encore les chemins : car, il ne faut
pas croire que les privilégiés y participassent,
comme le dit l'Auteur du *Mémoire sur les
Corvées* (a). Le Peuple étant forcé sous, peine
de la vie, d'affermer les terres des privilégiés,
ceux-ci ne diminueront point le prix de leurs
fermages, malgré l'augmentation de la Taille,
& trouveront toujours des Fermiers , parce que
le colon n'a que ce moyen seul de ne pas
mourir de faim.

Toutes les bases que l'Auteur offre à l'assiette
de la taxe pour remplacer les Corvées font
donc injustes & vicieuses , puisqu'en dernier
résultat, elles laissent à la charge du peuple
ce que le peuple ne doit pas payer seul.

(a) En effet , il paroît prouvé que l'assiette sur la
Taille feroit exorbitante si l'on vouloit faire les chemins
projettés dans un tems convenable & les entretenir.
Si donc on s'arrêtoit jamais à ce moyen , il est probable
qu'on reculeroit trop l'achevement des chemins, dont
l'accélération est pourtant très-importante. On ne citera
ici que deux Généralités , la Rochelle & Bourges. Les
chemins exigeroient dans l'un 10 sous pour livres
d'augmentation à la Taille, & dans l'autre 16 sous.
Croit-on pouvoir ainsi doubler & tripler cet impôt ?
Ajoutez qu'en opérant ainsi partiellement, il en résulte
une prestation inégale pour les sujets, suivant le pays
qu'ils habitent ; ce qui n'est pas rigoureusement
équitable.

Se rappellant enfuite les craintes annoncées par les Parlemens, lors de l'Edit de fuppreffion des Corvées, de voir l'impôt deftiné aux chemins devenir permanent, ou être détourné à d'autres ufages & ramener la néceffité du rétabliffement des Corvées, & n'effàyant pas de chercher les moyens de rendre vaines toutes ces craintes, il abandonne l'idée d'une taxe générale, la feule qui puiffe être jufte quand on l'établira fur des principes différens de ceux qu'il a expofés, & fe borne à demander une loi qui convertiffe la Corvée dans une taxe pécuniaire payable par chaque Paroiffe des Généralités. Cette loi éviteroit fans doute les embarras d'un Edit & de fes enregiftremens, mais n'ouvriroit-elle point la porte à des abus plus effrayans que ces formes? Elle rendroit légale l'adminiftration des Intendans, les mettroit à l'abri des tracafferies dont on peut, il eft vrai, les fatiguer fans motif, comme fans raifon ; mais tranquilliferoit-elle auffi complettement le peuple, & n'auroit-il rien à craindre de fes effets ?

Suivant l'affiette que l'Auteur a propofée pour la fubvention aux chemins, le Tiers - Etat la payant feul, qui pourra répondre à cet ordre fi éloigné du Roi, des Tribunaux fouverains, & même des Adminiftrateurs fupérieurs, que la répartition de cette taxe fe fera avec équité, qu'elle fera toujours proportionnelle à fes moyens réels dans chaque Généralité, que fes produits feront toujours fidellement employés au travail des chemins, que lorfque ce travail fera fini, on ne continuera pas de la percevoir ; au lieu de la réduire à la feule fomme néceffaire à leur

entretien , pour l'appliquer à des canaux , &
biens moins utilement à des embellissemens de
Ville , à des Théâtres , à des logemens pour
les Commandans , les Intendans , les premiers
Préfidens , & à cent autres conftructions inutiles au Peuple ? Je ne vois de garant pour tous
ces articles fi délicats que le feul Commiflaire
départi , & plût à Dieu qu'il n'en fallût pas
d'autre que la probité ordinaire de ces Magiftrats ! Mais enfin , ces Commiffaires départis
font hommes ; ils peuvent être trompés par leurs
fous-ordres , produire des maux fans le favoir ,
& fans le vouloir ; ils peuvent même manquer
des lumieres néceffaires à un Adminiftrateur :
il n'eft donc pas bon que le Peuple ne voye
qu'eux entre lui & le Confeil de Sa Majefté.
Il n'eft donc pas bon que ce Commiffaire dé-
termine feul la fomme annuelle à lever pour
les chemins dans fa Généralité , qu'il en regle
feul la répartition entre les Paroiffes , qu'il foit
feul Juge , non-feulement de la néceffité des
travaux , mais encore de leur exécution.

Un Adminiftrateur honnéte & modéré , pourroit lui-même être effrayé de voir de tels
pouvoirs attachés à fa magiftrature ; il trem-
bleroit qu'ils ne devinffent la fource des foup-
çons les plus injurieux & les plus mal fondés ,
& défireroit fans doute , d'avoir tous les moyens
poffibles de faire le bien , & d'être réduit à
l'heureufe impuiffance de faire le mal.

Pour obvier à plufieurs de ces inconvéniens,
l'auteur du Mémoire fur les Corvées, par
une délicateffe qui annonce & honore fon ca-
ractere , propofe d'obliger les Intendans à

adreffer au .Confeil , un état des travaux à faire chaque année dans leur Généralité, d'après lequel le Confeil régleroit la taxe à lever. Mais cette formalité ne rempliroit pas l'objet que l'Auteur a fans doute eu en vue.

En effet, qui adrefferoit cet état au Confeil? l'Intendant. Qui auroit formé cet état? l'Intendant. Qui feroit confulté fur la néceffité des travaux? l Intendant. A qui s'informeroit-on des moyens réels des paroifles? à l'Intendant. Qui les apprécieroit? l'Intendant. Qui régleroit la répartition de la taxe ordonnée? l'Intendant. Qui pourroit certifier qu'elle a été faite avec juftice , & que fous le prétexte des non-valeurs, on n'auroit pas impofé au-delà du montant de la taxe? l'Intendant. Qui auroit déterminé les travaux? l'Intendant. Qui enfin les recevroit & les jugeroit bien ou mal exécutés ? encore & toujours l'Intendant. On voit affez qu'il y a ici un cercle vicieux , & peut-être n'en faut-il pas plus en adminiftration qu'en logique.

Parmi les excellentes chofes que contient le Mémoire fur les Corvées , il femble que les idées que nous venons de combattre offrent des erreurs dangereufes. Sans doute cette matiere d'économie politique n'eft pas fuffifamment éclaircie, & il feroit peut-être prudent de la laiffer encore difcuter avant de prononcer la loi que l'Auteur follicite & que des lumieres nouvelles pourroient modifier d'une maniere plus avantageufe. Ce qui me confirme dans l'idée que cette grande queftion veut encore être débattue, c'eft la réponfe même qu'on a faite au Mémoire que nous examinons (*a*). Ce font fur-tout les nouveaux argumens par lefquels on tente aujourd'hui de prouver la légalité & l'utilité de la Corvée. On a ofé

(*a*) L'Auteur de cette réponfe a trop écouté fon imagination, il eût mieux valu calculer que de fe fier à cette *Folle de la Maifon*. En économie politique, le calcul eft vraiment l'imagination, car c'eft lui qui crée. Au premier afpect, l'impôt qu'il propofe, uniquement affis fur ceux qui font ufage des chemins, paroît remplir toutes les convenances & fe tenir dans les bornes d'une juftice rigoureufe ; mais la facilité qu'il y auroit d'en abufer, eft un inconvénient qui devoit avertir l'Auteur de ne pas le mettre au jour. Penfe-t-il qu'une Compagnie, prenant à ferme cet impôt, en payât à l'Etat le produit ? Elle s'en garderoit bien ; elle propoferoit des avances, feroit enforte que l'Etat s'n-dettât envers elle, déguiferoit fa recette, & finiroit en n'en rendant que 15 à 18 par lever fur 25 millions, fur la Nation, qui payeroit ainfi fes chemins beaucoup trop cher, & à qui ? à des oififs de Paris, qui, fans avoir befoin de travail ou de talent, feroient fort aifes de placer dans cette affaire leur argent à 20 ou 30 pour cent. Ce ne feroit pas encore là le plus grand mal. Qu'il furvînt une guerre, heureufe ou malheureufe, n'importe, puifque les victoires coûtent comme les défaites, quel feroit le Miniftre des Finances, qui, dans cette crife, au lieu d'emprunter, s'il fe défioit de fon crédit, ou de créer un impôt territorial qui rencontre toujours des obftacles qu'on aime à éluder, n'auroit pas, fans beaucoup d'efprit, celui de dire : au lieu de 2 fous, on en payera déformais 4 par cheval. Par ce feul mot, la Nation fe verroit condamnée à payer 50 millions au lieu de 25. Heureufe encore fi, vu la commodité de cette reffource, elle en étoit quitte pour ce premier doublement.

Rien ne feroit plus affuré que le fond d'un tel impôt ; affis fur le mouvement intérieur dans le Royaume, il ne pourroit pas plus finir ou diminuer que ce mou-

dire qu'elle étoit fondée sur les anciens principes de la Monarchie ; qu'elle étoit une obligation personnelle imposée de droit à tout
Taillable ; qu'elle avoit la même origine que
la Taille ; qu'elle étoit enfin, une des conditions imposées par le Souverain , dans les
actes d'affranchissemens des Communes. Ces di-
verses propositions, bien que contradictoires
entr'elles , trouvent une sorte de créance ;
parce qu'on suppose qu'en effet, les monumens de notre histoire déposent en leur fa-
veur , & qu'il est plus commode de croire ceux
qui les avancent, que d'aller fouiller les tristes
Archives de notre droit public, pour se con-
vaincre du peu de foi que méritent de si étran-
ges, & de si cruelles assertions.

Quoi, la Corvée seroit aussi un principe cons-
titutionnel de la Monarchie , une de ses loix
fondamentales ! Est-ce pour faire aimer ce gouvernement, qu'on soutient que ce fléau du
peuple en dérive essentiellement ? Croit-on
qu'il n'y ait point de Monarchie où la Corvée
soit inconnue ? Et la seule idée de Monarchie
impliqueroit-elle l'assujettissement du peuple à
un travail manuel obligé & non salarié ? Si

---

vement , aussi nécessaire à l'Etat que la circulation du
sang l'est au corps humain.

On doit croire que l'Auteur de ce système n'a pas vu
jusqu'où pouvoient aller ses dangereuses conséquences ;
mais il auroit pu s'appercevoir plus facilement que la
taxe qu'il conseilloit fourniroit un produit très-supé-
rieur aux dépenses nécessaires pour les chemins , &
qu'il en résulteroit une levée de deniers sans objet , &
par conséquent injuste.

ces feuls rapprochemens développent une ab-
furdité , pourquoi donc attribuer aux Monar-
chies des vices qui ne font point inhérens à
leur nature? Pourquoi invoquer des principes
fur les Corvées, d'anciens principes fur les
grands chemins, pour un pays qui ancien-
nement n'avoit point de grands chemins ? Où
font donc ces vieilles loix fondamentales de ces
chemins que nous n'avions point? Il ne faut
pas dire, il y en a, il faut les montrer, cela
eft plus court & plus convaincant ; mais il eft
vrai que cela n'eft pas fi facile.

Faut-il donc, pour défendre le fyftême le
plus impatriotique, confondre à deffein la
Corvée féodale , avec celle appliquée à la
confection des routes? Où trouvera-t-on , je
ne dis pas dans nos loix, mais dans nos coutumes, dont la rédaction eft pourtant auffi moderne qu'elle eft entachée de la rouille de la
barbarie, où trouvera-t-on , dis-je , dans ces
coutumes une obligation générale de la Corvée?
Expriment-elles autre chofe que l'obligation
de réparer & entretenir les chemins par les
propriétaires riverains? Mais cette obligation
n'étant qu'une charge de la propriété , a-t-elle
la moindre reffemblance avec une preftation purement perfonnelle & indéfinie qui
n'affecte qu'une feule claffe d'habitans ? Ici la
loi n'impofe-t-elle pas un devoir défini &
fans diftinction de l'efpece du poffeffeur qu'elle
charge de le remplir ? On fait que l'abus
de la force produifit la Corvée féodale ; on fait
comment elle s'appefantit fur les malheureux
Ténanciers, & comment nos Rois, auxque

feuls le peuple dût dans tous les temps, l'a-
douciffement de fa fervitude, ont modéré ces
Corvées féodales, que le droit & les coutumes
ont depuis fixées & rendues légales. S'il en
eût alors exifté d'une autre nature, ces mêmes
loix en euffent fans doute exprimé les devoirs.
Mais où la trouvera-t-on cette loi qui déclare
que tout Taillable pourra être arbitrairement
commandé par le Souverain, & appliqué au
travail des chemins pendant un nombre de
jours indéterminé ; qu'il fera forcé d'y amener
& de s'y fervir, à la volonté dudit Souverain,
de fes propres outils, de fes voitures & de
fes animaux d'attelages, qu'on l'y fera venir
de telle diftance qu'on voudra, qu'on l'y re-
tiendra tant qu'on voudra, qu'on lui affignera
des tâches de travail, que s'il ne les remplit
pas, on le fera exécuter militairement, comme
en guerre on traiteroit un Colon ennemi,
qu'on le condamnera à des amendes, qu'on
l'emprifonnera, que fi fes outils s'ufent, on
ne les payera point, que fi fes animaux pé-
riffent au travail, on ne les payera point, que
s'il y emploie fon tems, on ne le payer a point,
que fi on le ruine ainfi en détail, que fa femme,
fes enfans meurent de faim, on n'en fera point
furpris, parce qu'ainfi l'ont voulu les anciennes
& merveilleufes loix fondamentales des grands
chemins ? Où donc eft le code infernal qui
contient cet article ? On ne le trouveroit pas
même dans le code noir.

Qui peut croire que fi Philippe - Augufte
avoit voulu ouvrir des chemins dans toute la
France, il n'eût eu qu'à mander aux Ducs de

Bourgogne & de Bretagne, aux Comtes de Flandres & de Champagne : « illuſtres Seigneurs, » mes Vaſſaux, je veux aller commodément, » de Paris à Beſançon, à Breſt, à Rheims & » à Bruxelles, ordonnez à vos Vaſſaux & à » vos Serfs, s'il vous en reſte encore, de » me faire à cet effet de beaux chemins, » ſans délai ; & n'y faites faute, car tel eſt » notre plaiſir. » Si Philippe-Augufte eût pu faire une telle dépêche, elle auroit été tout au moins inutile. Parmi les droits du Suzerain ou du Souverain, on n'a jamais pu compter celui de l'aſſerviſſement de tout Taillable, à la Corvée indéfinie des chemins.

Si les Corvées aux chemins avoient été, comme on le prétend, une des conditions miſes par le Souverain, aux actes d'affranchiſſemens des Communes ou des Serfs, elles ne feroient donc pas une loi fondamentale de la Monarchie, dont les fondemens étoient bien établis avant cette époque ; elles ne dériveroient donc pas des principes eſſentiels à la Monarchie, puiſqu'elle avoit pu ſubſiſter long-tems ſans ce réſultat de ſes prétendus principes. Mais encore dans cette hypotheſe qui détruit la précédente, faudra-t-il montrer ces actes, & y faire voir cette clauſe ? Il réſulteroit de leur examen, que ceux qui ne portent point cette clauſe onéreuſe, donnent aux affranchis, le droit d'exemption de la Corvée. Il s'enſuivroit donc que, ſans injuſtice, elle ne peut être générale ; la Corvée ſera donc une charge locale, & le droit du Roi, reſtraint à ne s'exer-

cer

cer que sur les affranchis restés corvéables.
Tout cela est loin du système général de la
Corvée; & l'on ose avancer que si le Roi ne
pouvoit exercer cette prétendue prérogative
de la Couronne, qu'en vertu des actes d'affran-
chissement, il ne l'exerceroit peut-être nulle
part; car si dans les actes, la réserve n'est
pas expresse, l'obligation est si dure & si
importante, qu'on ne pourroit l'y présumer.
Le proverbe meurtrier, tout Taillable est
Corvéable, seroit donc une des phrases qui
auroit fait le plus de mal à la Nation; ce
seroit donc une sorte de malédiction prononcée
contr'elle. C'est ainsi que cet autre proverbe :
nulle terre sans Seigneur, inventé & trop bien
soutenu par nos vieux Légistes, a fait disparoître les terres en franc-alleu, qui couvroient
jadis la surface du Royaume, & produit une
partie des maux presqu'incurables qui nous ont
affligé. Les Tenanciers en franc-alleu, qu'on
retrouve encore dans nos Provinces méridio-
nales, où la domination des Visigoths leur a
été moins fatale que celle des Francs, dans
le Nord des Gaules, ces Tenanciers, auxquels
est due la constante prospérité de ces belles
Provinces, où la maxime : nul Seigneur sans
titre, a heureusement prévalu sur celle : nulle
terre sans Seigneur, n'ont point eu besoin
d'affranchissemens, la Corvée n'a donc pu
être une des conditions d'une manumission dont
ils n'ont pu demander ni recevoir l'acte.

Où donc se trouvera l'origine de la Corvée ?
Je ne dirai pas dans l'abus du pouvoir, comme
feroit un déclamateur, mais dans le libre exer-

tice qui doit par-tout appartenir au Souverain, d'employer les forces & les moyens de ses Sujets à l'amélioration de leur sort & de l'Etat, dont la Providence lui a confié l'administration. De ce qu'il faut des chemins à un Royaume ; de ce qu'il est bon & juste qu'ils soient soumis à un régime général & à une législation uniforme, il s'enfuit que, c'est à la fois un droit & une obligation du Roi, de veiller à leur confection. Quand ses droits sont si solidement appuyés sur la nature des choses, pourquoi les affoiblir en voulant leur donner des origines contestables? Mais, si le Roi doit jouir pleinement de ce pouvoir d'employer au plus grand bien de tous, les forces & les moyens de tous, il n'est pas moins vrai qu'il n'en peut faire usage qu'en ne blessant en rien la justice & les droits imprescriptibles de ses Sujets, en leur qualité d'hommes. Si le travail des chemins, est à la fois d'un besoin & d'une utilité générale, n'est-il pas évident, que sans injustice, il ne peut être l'ouvrage d'une seule classe ? On ne passe, ni les bornes de la raison, ni celles du droit, en soumettant une classe ouvrière à un travail, toutes les fois qu'on le lui paye. Or, les Colons étant tous ouvriers, on eût donc rempli toutes les obligations dont on pouvoit être tenu envers eux, en les chargeant du travail des chemins, & en les payant.

Le Roi avoit donc, sans difficulté, le droit de faire commander, par les Intendans, les Peuples pour la Corvée; mais, osons le dire, il n'avoit pas celui de les y faire travailler sans salaire. D'où donc est venu un tel abus de son

autorité ? D'une loi plus forte que toutes les
loix; de celle à laquelle obéissent tous les Hommes
& tous les Gouvernemens ; de la nécessité.
Il falloit des chemins; le trésor royal n'auroit
pu en supporter l'excessive dépense; au lieu de
remonter au principe, & d'ordonner à la
Nation de les payer, on se laissa entraîner par
l'exemple. Le Duc de Lorraine Léopold, fai-
soit faire ses chemins par Corvée, les paysans
y travailloient avec joie, ils savoient que c'étoit
faciliter, à cet excellent Prince, les moyens
de les visiter dans leurs chaumieres ; & que le
fardeau d'un travail fait sous ses yeux, ne les
accableroit jamais. On crut pouvoir imiter en
France, l'usage introduit en Lorraine ; mais
avant de le suivre, il auroit fallu assurer à
chaque Province un Léopold ; ce qui ne pouvoit entraîner d'abus sous l'administration d'un
Prince justement adoré, pouvoit en faire naître
sous d'autres Administrateurs.

A la suite d'une guerre sur les frontieres
qui avoit exigé beaucoup de Corvées militaires,
(lesquelles dans l'intérieur du Royaume devroient aussi être payées) l'Intendant d'Alsace,
M. Dangervilliers, fit réparer les chemins de
cette Province, en commandant la Corvée; les
Alsaciens déja faits aux Corvées militaires,
souffrirent sans murmure cette nouvelle charge,
qui d'abord fut sans doute très-légere. Les classes
supérieures profitant de ce travail, sans y contribuer, ne s'y sont point opposées ; le Peuple
qui fait tourbe & qui ne fait point corps, contre
lequel on avoit le double pouvoir de la force
& de l'apparence des loix, n'a pu réclamer,

parce qu'il n'a aucune voie pour le faire ; &
a obéi , parce que c'eſt toujours le meilleur
parti qu'il ait à prendre. Aſtreint à ce travail
en Alſace , M. l'Eſcalopier l'y ſoumit enſuite
en Champagne ; les autres Intendans l'imiterent ;
& de proche en proche , le mal gagna. On
ne peut donc faire d'autre reproche à ces
Magiſtrats , que de n'avoir pas étendu l'uſage
qu'ils faiſoient de l'autorité du Roi , juſqu'à
faire payer par la Nation , la ſolde due aux
Corvoyeurs. On dira que ces principes ſont
hardis ; mais il ne s'agit pas de ſavoir s'ils ſont
hardis ou timides , mais bien de juger s'ils
ſont juſtes ou non. L'écrivain hardi ne ſauroit
être celui qui établit les droits du Roi ſur les
baſes immuables de la juſtice & de la raiſon ;
l'écrivain téméraire eſt celui qui les fonde ſur
des ſyſtêmes menſongers , qui ne leur donne
qu'un appui verſatile , & qui , trompant à la
fois , le Prince & le Peuple ſur la nature de
ces droits , apprend au Prince à en méconnoître
la ſource & l'uſage ; & au Peuple , à ſe croire
opprimé par des loix qu'on dénigre à ſes yeux ,
en les lui préſentant comme l'émanation de
principes dont il peut aiſément reconnoître
l'odieux & la fauſſeté.

Nous ne craignons point d'ajouter que le
Roi , en tolérant la Corvée , lorſqu'il ne
pouvoit mieux faire , lorſque les Adminiſtrateurs ſupérieurs ſe contentoient de lui montrer
les bons effets , qui en général , réſultoient de
la confection des routes , que le Roi doit ré-
pugner à la laiſſer ſubſiſter , & qu'il n'y a
qu'une impoſition ſur tous ſes ſujets dont le

produit fuffife à cette dépenfe qui puiffe conʒ venir à fes droits & à fa juftice (a).

Dans cette matiere, comme dans prefque toutes les autres, on a commencé par s'égarer dans un labyrinthe d'erreurs, avant de rencontrer la route de la vérité. On a cru, ou du moins on a dit, que les Corvéables devoient mieux faire les chemins que les atteliers des Entrepreneurs. C'eft là une véritable folie ; c'eft en d'autres termes affurer qu'un Ouvrier qui n'a jamais fait un ouvrage, & qui ne le fera qu'une fois dans fa vie, l'exécutera plus folidement que celui qui n'a jamais fait d'autre métier.

En reconnoiffant la néceffité d'un impôt pour fubvenir à la dépenfe des chemins, on s'eft partagé d'avis fur celui qui devoit fervir de bafe pour fa répartition. On a voulu qu'il ne portât que fur les Propriétaires des biens fonds ; mais les chemins ne font-ils utiles qu'à eux ? S'ils font un befoin général de l'état, qui peut fe dire exempt d'y contribuer ? Quelles idées gothiques ! Qui donc peut fe croire libre de ne pas contribuer au payement du culte & de la défenfe de fa patrie, à la folde du Clergé & de l'Armée ? Subftituons des principes à nos vieilles routines, & tout s'éclaircit. Les ennemis menacent la France d'une invafion ; il faut les arrêter par des armées, par

____

(a) La loi de 1786 a confacré ces principes. On voit que cet écrit lui eft antérieur, & il n'eft pas inutile de dire qu'il avoit été communiqué à l'adminiftration plus de huit mois avant la publication de cette loi.

des citadelles, des forts, des retranchemens.
Qui paye ces dépenses ? Le trésor royal. Qui
fournit au trésor royal ? La masse entiere de
la Nation. Les chemins sont un besoin aussi
général que celui de votre culte, de votre
police, de vos tribunaux, de votre défense.
Pourquoi deux mesures ? Pourquoi payer
ceux-ci, & ne pas payer celui-là ?

Je n'ignore point qu'on croit répondre à
ces objections en y opposant les principes des
Économistes. Quelque séduisante que soit la
simplicité de leur doctrine, elle est loin
d'avoir réuni tous les suffrages, quoiqu'elle en
ait obtenu de bien imposans ; sa théorie trop
ferme pour se plier à toutes les modifications
qu'exigent l'extrème variété de nos institutions,
a presque toujours échoué dès qu'on a voulu la
réduire en pratique. L'impôt pour les chemins
devant, selon ses maximes, porter sur les propriétaires, on a proposé de l'asseoir sur les
Vingtiemes, parce qu'elle enseignoit qu'en
définitif, le Propriétaire payoit les impôts du
Fermier. Cela seroit vrai s'il n'y avoit pas
plus de colons que de fermes, & cela cesse
de l'être, parce qu'y ayant plus de colons que
de fermes, la concurrence qui s'établit entre
eux favorise le haut prix des fermages, & que
forcés, sous peine de la vie, d'exploiter des
terres comme Fermiers ou comme Journaliers,
ils sacrifient tout au besoin d'être Fermiers;
ensorte que, malgré une addition nouvelle à
l'impôt territorial, le Propriétaire trouvant le
même prix de son fermage, il s'ensuit que
cette addition est prise au moins en très-grande

partie fur le Fermier dont il diminue les profits. Un impôt fur les Vingtiemes finit donc par manquer fon objet, & fur-tout dans les pays de petite culture ; dans dix ans, il ceffe de porter fur le propriétaire, & charge le colon, qui très-fouvent acquitte lui-même les impôts en donnant au propriétaire le même revenu qu'avant leur établiffement. La Capitation feule, parce qu'elle eft individuelle ne permet ni autant, ni fi facilement ce virement de charges.

C'eft faute de principes, ou parce qu'on y en appliquoit d'étrangers à la chofe ; c'eft parce qu'on confidéroit les chemins comme un befoin local, au lieu de les envifager comme un befoin général de l'Etat, qu'on s'eft jetté dans les inextricables détails de vingt fyftèmes de travail toujours injuftes par quelque côté : c'eft faute de principes, que, fentant la dureté de la Corvée, on l'a répartie tantôt fur les forces, tantôt fur les facultés, qu'on s'eft permis d'en propofer le rachat, qu'on n'a point appellé à contribuer à ce rachat les Paroiffes fituées à trois lieues des chemins, qu'on a foutenu que, n'y pouvant être employées à leur travail manuel, elles ne devoient point participer à fon payement, fous prétexte qu'elles n'y avoient aucun intérêt, comme fi, en effet, une Paroiffe diftante de trois lieues du grand chemin, & de fix du principal lieu de fes marchés, ne profitoit pas effentiellement de l'amélioration de la moitié de la route qui la conduit à ces marchés, & même prefqu'autant que celles qui étant à deux lieues de cette route, ont cependant eu la furcharge d'y travailler : c'eſt enfin faute de principes, que variant ſans ceſſe les modes d'impoſition ou de répartition de la Corvée, on a preſqu'autant fa-fatigué les corvéables par ces éternels changemens que par le travail même des chemins. Beaucoup de ces changemens, il eſt vrai, étoient inſpirés aux Adminiſtrateurs par la conviction intérieure qu'ils avoient des abus inſéparables de la Cor-vée, & par le deſir infiniment louable d'en alléger le fardeau ; mais ils traitoient les Cor-véables comme les Médecins adminiſtrent les contre-poiſons ; envain les Intendans diſtri-buoient ceux de la Corvée, le malade empoi-ſonné n'y trouvoit que des palliatifs inſuffiſans ; c'étoit le poiſon même qu'il falloit ſupprimer, & encore ſes cicatrices auroient marqué toute la génération actuelle. On ne propoſera jamais contre ce mal que des remedes impuiſſans, tant qu'on ne détruira pas ſon principe ; & c'eſt tourner dans un cercle d'erreurs que de s'attacher uniquement à le modifier (a).

____

(a) Une hiſtoire ſuccincte des variations de la Corvée peut avec utilité trouver ici ſa place. On faiſoit depuis dix ans uſage de ce moyen de conſtruire les chemins, & aucune loi n'avoit encore réglé, à cet égard, les de-voirs des peuples, ni le pouvoir des Intendans, ſeuls chargés de ſon adminiſtration. Une inſtruction con-certée de 1735 à 1740, entre M. Orry, Miniſtre des Finances, & M. de Trudaine, eſt le premier monument, la premiere regle qu'on ait propoſée à cet égard. Elle enjoignoit d'y ſoumettre les Taillables, de ſavoir la force des Paroiſſes, en manœuvres & en voitures, d'aſſigner les Communautés ſous la diſtance de trois lieues des routes, à venir faire des tâches,

Imitons la fageffe de l'Adminiftration pro-
vinciale de la Haute - Guyenne. Le premier

telles que tout Corvéable eût pour douze jours de
travail modéré , & tel qu'il ne pût s'évaluer qu'au
prix réel de huit journées. Les délais pour finir l'ouvrage furent fixés , & la contrainte par voie de prifon
& de garnifon autorifée contre les défaillans.

M. de Trudaine , que la France doit regretter
comme un de fes plus utiles Magiftrats , & comme
un Citoyen vertueux , blâma toujours l'ufage de la
Corvée , même en en faifant ufage. Il ne ceffa d'en
remontrer les abus ; mais on la maintint , parce qu'on
crut qu'il valoit mieux demander au peuple des bras
qu'il avoit , que l'argent qu'il n'avoit pas ; & par un
motif plus raifonnable que celui-là , parce que plufieurs
Miniftres redouterent la diftraction qu'on pourroit faire
de l'impôt qu'on y fubftitueroit.

Jufqu'en 1753 , la Corvée fut donc impofée en raifon
des forces. M. de Fontette introduifit alors , à Caen ,
l'ufage plus jufte de la répartir en raifon des facultés ,
& laiffa l'option aux Communautés de payer leur
tâche ou de la faire. Cet exemple fut bientôt fuivi
dans toute la Normandie , & l'impôt pour les chemins
s'y élevoit du tiers au quart du brevet de la Taille.

En 1763 , M. Turgot perfectionna ce fyftême en
Limoufin , en répartiffant la dépenfe des chemins fur
toutes les Paroiffes de fa Généralité , ce qui diminuoit
la charge des Paroiffes corvéables , & allégeoit le
fardeau pour toutes. Il veilla les Entrepreneurs , &
perfectionna lui-même l'art de conftruire les routes.

En 1768 , en vertu de Lettres - Patentes enregif-
trées , l'impôt pour les chemins fe perçut fur les biens
fonds. On exempta les privilégiés , & les tâches fe
diftribuerent en nature , fauf aux Paroiffes à s'en
racheter.

En 1769 , M. de Gourgues introduifit à Montauban ,
l'ufage des adjudications.

M. Turgot devint Miniftre , & fupprima , en 1774 ,
la Corvée par un Edit à jamais célebre.

Sous M. de Clugny , fon Succeffeur , les idées

uſage qu'elle a fait de l'autorité que le Roi

---

rétrogradèrent. Il ordonna, par une Inſtruction du 11 août 1776, de revenir à la répartition de la Corvée, en raiſon des forces des Paroiſſes, & à celle des tâches particulières en raiſon des facultés, & laiſſa l'option de payer le travail ou de l'exécuter. Cette Inſtruction ne fut pas également entendue, & encore moins miſe à exécution ; il en réſulta ſeulement que les Intendances de Tours, Amiens, Poitiers & Bordeaux admirent l'uſage du rachat; que Perpignan, Auch & Nancy introduiſirent des méthodes mixtes, tendantes à faire payer le travail des chemins aux peuples ſans qu'ils l'exécutaſſent.

En 1780, l'Adminiſtration du Berry admit le travail par adjudication, & pour le payer impoſa les Taillables entre un tiers & un quart en ſus du brevet de la Taille, & les Villes au taux de leur Capitation.

Celle de la Haute-Guyenne donna un plus grand exemple. Elle ſupprima la Corvée, & fit payer ſes chemins par tous les ordres.

Lyon & Moulins prirent, en 1782, les facultés pour baſe des répartitions, & laiſſerent l'option aux Paroiſſes.

La Rochelle ſuivit ce ſyſtème, en rejettant l'option & n'adoptant les adjudications que contre les défaillans, & réglant qu'aucune tâche individuelle ne ſeroit au-deſſous de quatre livres.

La Bretagne conſerva la Corvée primitive avec tous ſes vices. Enſorte qu'en 1786, tel eſt l'état de la Corvée en France. Sous la Corvée impoſée ſuivant les forces ou facultés, avec les diverſes modifications de ces deux méthodes, ſont les Intendances d'Orléans, Châlons, Metz, Soiſſons, Clermont, Grenoble, Strasbourg, Dijon & Rennes.

Sous la Corvée modifiée par les rachats ou l'impôt, Rouen, Caen, Alençon, Tours, Poitiers, la Rochelle, Limoges, Bordeaux, Lyon (la Breſſe, Bugey & Gex) Moulins, Beſançon, Amiens, Perpignan, Auch, Nancy, Bourges, Montpellier, Montauban, Aix, Lille, Valenciennes & la Corſe.

lui avoit confiée , a été un acte de patriotifme,
& un bienfait pour l'humanité ; elle a prononcé
l'abolition de la Corvée, & a pourvu au
travail de fes chemins par une taxe impofée
fur tous les ordres, & perçue à raifon d'un
onzieme fur la taille, d'un quinzieme fur les
décimes, & d'une addition au Vingtieme des
fonds nobles. Si l'on peut lui reprocher quelques erreurs dans la répartition de cette taxe,
entre les différens ordres de fes contribuables,
on ne fauroit lui donner trop d'éloges pour
avoir prouvé la premiere que les chemins pouvoient s'exécuter fans la Corvée, & pour n'a-
voir reconnu aucun privilege qui pût exempter
de la contribution à un ouvrage public & néceffaire (a).

Les Réglemens de cette Province n'étant
pas ceux du Royaume, avant de ftatuer en
France, par une loi générale fur les moyens
à employer pour la confection & l'entretien
des routes, ne feroit-il pas convenable d'examiner, en fuppofant même l'abolition de la
Corvée,

1°. Si la taxe qui la remplaceroit doit être
payée par tous les ordres de Citoyens ? Si elle

____

(a) Il n'en eft vraiment qu'un feul. M. de Cypierre,
Intendant d'Orléans, mérite la reconnoiffance publique
pour l'avoir non - feulement refpecté , mais ce qui
l'honore davantage pour l'avoir créé. M. de Cypierre
a exempté de tout impôt à la Corvée le Taillable dont
la cotte eft au-deffous de 40 fous ; il y a loin de cette
idée de bienfaifance à l'idée fifcale , d'impofer une
tâche de la valeur de 4 livres au Taillable . dont la
cotte n'eft que de 20 fous , & c'eft pour cela qu'il
faut recommander M. de Cypierre à la poftérité.

'doit former une maſſe commune, & être in-
diſtinctement employée ſuivant le beſoin général
du Royaume ?

2°. Si ce ne ſeroit pas une grande faute
d'en former autant de maſſes diſtinctes qu'il y
a de Généralités, & d'ordonner que le montant de ces maſſes particulieres fût excluſivement
appliqué aux travaux à faire dans la Généralité
qui l'auroit fournie ?

3°. Ne ſeroit-il pas bon de connoître, avant
tout, au moins à peu près, le nombre de lieues
de chemins qui reſtent à faire dans le Royaume ?

4°. Ne ſeroit-il pas prudent de s'aſſurer du
nombre d'ouvriers libres, qu'on peut annuellement, & ſans trop déranger les autres travaux,
appliquer à celui des chemins ?

5°. Ne faudroit-il pas déterminer la ſomme
à laquelle devroit annuellement monter la taxe
pour les chemins ; & peut-on y parvenir plus
ſûrement que par les connoiſſances réſultantes
des examens indiqués par les articles III & IV ?

6°. Ne devroit-on pas enſuite examiner
quelle ſeroit la meilleure & la plus juſte maniere d'aſſeoir, de répartir & d'aſſurer le recouvrement de cette impoſition ?

7°. Et enfin, quelles ſeroient les formes
propres à aſſurer que le travail des chemins
ſeroit dirigé, de façon qu'on ne pourroit ouvrir
que des routes utiles ; qu'on ne commenceroit
point plus d'ouvrage qu'il n'en devroit être
achevé dans l'année ; qu'il n'en ſeroit reçu que
de bien exécutés ; que la taxe créée pour ſub-
venir à cette dépenſe extraordinaire, ne ſeroit
point arbitrairement augmentée ; qu'aucun de

fes fonds ne pourroit être diverti à un autre emploi ?

Tels font les élémens qui peuvent conduire d'une maniere fûre à la folution de ce problême d'économie politique ; & nous ofons croire que la loi qui feroit promulguée fans qu'on fe fût occupé de toutes ces connoiffances préliminaires, qui peuvent feules conduire à en établir une équitable , n'offriroit qu'un vain palliatif aux maux de la Corvée.

Nous formons les vœux les plus finceres pour que des Hommes d'Etat, plus capables que nous d'approfondir ces queftions , veuillent bien s'occuper de leur examen ; & c'eft pour le leur faciliter , que nous préfentons ici quelques idées fur les fept articles précédens , non pas avec la folle prétention de les éclairer, mais uniquement pour les engager à faire mieux que nous n'aurons pu faire.

C'eft s'expofer à paffer les bornes que nous nous fommes prefcrites, que d'entreprendre d'apprécier ici les motifs d'exemption de la taxe des chemins que pourroient prétendre la Nobleffe & le Clergé. Quelques Ecrivains ont déja prouvé le peu de fondement de ces prétentions ; mais la loi du 6 feptembre dernier les ayant , pour ainfi dire légitimées, ce feroit trahir la caufe du Peuple, & j'ofe le dire, celle d'un Roi qui ne veut qu'être jufte , que de ne pas développer les principes qu'on peut oppofer à ces droits prétendus.

Je ne me diffimule point combien une telle difcuffion eft délicate ; mais dénué à cet égard de tout intérêt, de toute efpece d'efprit de

parti, mon impartialité me raſſure. Certain
de ne vouloir déprimer aucun ordre en fa-
veur d'un autre, & de ne chercher que le
vrai, j'oſe penſer que je ne ſaurois déplaire
à ceux qui ſe feront, ainſi que j'ai tâché de
le faire, dépouillés de tous les préjugés qu'on
peut tenir de l'habitude ou du haſard de la
naiſſance.

Pour découvrir s'il ſe peut l'origine des privileges des deux premiers ordres de la Nation,
nous ſommes forcés de remonter juſqu'aux
Romains, dont nous tenons preſque toutes
nos inſtitutions. Les Romains diſtinguoient
dans leurs adminiſtrations deux eſpeces de contributions, les unes *ſordides*, les autres *ho-*
norables. Les héritages des chefs de la République, des Sénateurs, des Praticiens, étoient
exempts des premieres ; mais la ſageſſe de ces
anciens dominateurs du monde, avoit déclaré
les travaux des chemins du genre des œuvres
nobles & honorables ; & aucun citoyen n'étoit
exempt d'y contribuer. Cependant cet État
avoit auſſi ſes Pontifes, ſes Augures, ſes Sénateurs, ſes Chevaliers. Le ſoin des chemins
fit même la réputation des Patriciens des premieres maiſons; & les Aurelius, les Flaminius,
les Appius, n'ont immortaliſé leurs noms,
qu'en les attachant aux voies dont ils ordon-
nerent & ſurveillerent la conſtruction.

Hors de l'Italie, dans leurs pays de con-
quêtes, les Romains introduiſirent la Corvée ;
le Peuple vaincu fut condamné au travail des
chemins, & y fut forcé & veillé par leurs
Légions. Pour punir les révoltes de ces Trou-

pes, plufieurs de leurs Généraux les condam-
nerent quelquefois à partager ces travaux. Voilà
ce que nous avons imité des Romains ; quand
nous avons voulu avoir des chemins, nous
avons traité la Nation comme ils traitoient des
Peuples vaincus & indociles ; ils nous avoient
laiflé un bien meilleur modele en Italie, &
c'eft celui-là qu'enfin la fageffe & la bonté du
Roi nous ordonnera de fuivre.

Rome détruite, Rome tombée fous le joug
de fes premiers citoyens, ne changea rien à
fon ancienne adminiftration des chemins. On
remarque feulement que fes maîtres eurent fouvent l'attention de payer, de leur propre caf-
fete, quelques-unes de ces dépenfes publiques.

La révolution qui changea le fiege de l'Empire, ne put pas même changer les anciens principes. Tous les Propriétaires, fans exception,
continuerent de contribuer pour les chemins.
Malgré l'exceffive protection que Conftantin
& fes Succeffeurs accorderent au Clergé, fes
biens ne furent point exemptés de la loi commune. Les ordonnances de *Théodofe*, d'*Ar-
cadius*, d'*Honorius* en font foi. Ces loix portent formellement : *que les chemins font des
ouvrages nobles dont nulle condition d'Hommes
ne pourra fe dire exempte ; & que l'eftime qu'on
faifoit de ces ouvrages, étoit tirée des fiecles
précédens & de la vénérable antiquité.* Ces loix
n'étoient pas des ordonnances pour une feule
Province ; elles devoient être fignifiées aux
Magiftrats, pour qu'ils les fiffent exécuter dans
tout l'Empire.

Un article d'une autre loi, relative aux chemins, eſt ainſi conçue : *voulons que les biens D'UN CHACUN contribuent à la réparation des chemins publics , & de la Bithinie , & DES AUTRES PROVINCES DE L'EMPIRE , à raiſon du nombre d'hommes , de beſtiaux , &c.* Tout le monde contribuoit donc aux chemins ; & chaque Province, non-ſeulement pour les ſiens , mais pour ceux des autres Provinces de l'Empire. Les Romains avoient donc connu & adopté le véritable ſyſtême qui convient à cette partie de l'adminiſtration d'un grand Empire. Nous auroient-ils laiſſé en vain l'exemple de leur ſageſſe ?

Au renouvellement de l'Empire d'Occident, le ſage, le puiſſant Charlemagne , l'un de nos Rois , ne changea rien à l'ancien ſyſtême. Vous trouvez dans ſes Capitulaires , ſi ſouvent publiés dans les aſſemblées nationales , qu'il n'excepte aucuns biens de la contribution aux chemins , pas même *les biens & les héritages de l'Egliſe.*

Où donc eſt le titre de la franchiſe de la Nobleſſe & du Clergé ? On voit qu'il ne peut remonter à ces époques. Faudroit-il le chercher, & ces deux ordres l'auroient-ils acquis pendant l'anarchie du gouvernement féodal ? Lorſque l'eſprit de domination particuliere avoit étouffé en France tout eſprit public ; lorſque ce Royaume n'étoit habité que par un petit nombre de Maîtres & de troupeaux de Serfs, il eſt poſſible que de grands Seigneurs ſe ſoient ſouſtraits à cette obligation de faire ou de payer la façon des chemins, pour y aſſujettir ſeulement leurs Eſclaves, ou leurs Vaſſaux ;

faux. Mais ces abus, nés d'abus plus monftrueux encore, ne peuvent pas être préfentés comme des droits imprefcriptibles ; & le titre d'une longue poffeffion, ne fuffiroit pas même pour légitimer une injuftice qui peferoit fur tout le refte de la Nation. La fageffe du Gouvernement Romain, les loix connues des Empereurs, les ordonnances de nos Rois, peuvent fans doute parler plus haut que des coutumes abufives & barbares.

La Nobleffe & le Clergé pourroient-ils fe croire avilis par cela feul qu'ils payeroient pour avoir des chemins? Les Confuls, les Sénateurs, les Pontifes, les Flamines, tous ces fiers Républicains qui fe crurent toujours, & qui furent long-tems les égaux des Rois, ne penferent jamais qu'une contribution utile à la Patrie pût les avilir. La Capitation, le Vingtieme que la Nobleffe payent comme le Tiers-État, l'ont-ils confondue avec cet ordre ? Une taxe commune peut-elle jamais opérer cette confufion? La Nobleffe n'a-t-elle pas mille diftinctions qui ont élevé entr'elle & le Tiers-État, un mur de féparation qu'on peut encore rendre plus difficile à franchir, en ne permettant qu'aux fervices rendus, & non à l'argent, d'y ouvrir des breches?

Mais ces prétentions que nous combattons, on pourroit douter que ces deux Ordres les euffent jamais élevées, fi les articles IV & V de l'Arrêt du Confeil, du 6 feptembre 1786, ne les faifoient préfumer. En effet, dans quel tems ces ordres auroient-ils pu les faire valoir ? Ce n'étoit pas fans doute, lorfqu'on n'avoit, lorfqu'on ne faifoit en France aucuns chemins publics. Cette partie d'adminiftration intérieure eft née de nos jours, & le Clergé & la Nobleffe y ont contribué fans murmure, & de la même maniere que les Privilégiés du Tiers-État.

Tant que le régime de la Corvée a eu lieu, ce n'eft, ni le Prêtre, ni le Noble, ni le Bourgeois privilégié, ni même le fimple Habitant des villes, qu'on a appellé aux Atteliers; on s'eft borné à la feule claffe des Laboureurs & Journaliers. Mais les Fermiers de la Nobleffe & du Clergé, ne faifoient-ils pas cet ouvrage avec les Fermiers des Propriétaires du Tiers-État ? Si ces Fermiers tenoient leurs biens à moitié, en fourniffant aux chemins leurs voitures, leurs beftiaux, dont la moitié appartenoit à leurs maîtres, ces maîtres, de quelqu'ordre qu'ils fuffent, n'étoient-ils pas dans cette contribution pour leur contingent? Si leurs Fermiers tenoient leurs biens à bail, pour une fomme d'argent, & que la Corvée leur enlevât trop de jours ouvrables, cette perte n'étoit-elle pas fupportée en partie par leurs maîtres, puifque pouvant moins donner de tems & de travail à leurs terres, ils devoient en retirer moins de fruits & en rendre moins de valeurs aux Propriétaires ? Si donc il eft évident que la Corvée en nature étoit un impôt que le Propriétaire partageoit dans un rapport quelconque avec le Colon, il faut bien conclure que le Clergé, que la Nobleffe ont payé cet impôt tant qu'il a duré. Les articles IV & V de la loi du 6 feptembre 1786, ont donc donné à ces deux Ordres, un privilege nouveau & particulier ; ils n'ont pu le lui donner qu'au détriment d'un autre Ordre. Il eſt donc aiſé de juger maintenant ſi ces articles doivent ſubſiſter. Les deux premiers ordres de l'Etat ſont trop grands , trop magnanimes , trop éclairés , pour ne pas demander eux-mêmes à partager une contribution uniquement deſtinée à l'amélioration des propriétés générales ; ils ſentiront que le Peuple , qui porte déja , & qui doit , peut-être , porter la majeure partie des charges publiques, mérite qu'ils s'intéreſſent à ſon ſort , dont cette loi peut d'autant plus aggraver le malheur , qu'il ne s'agit pas moins que de faire payer 80 liv. au Taillable qui n'en payoit que 50 ; & d'y ajouter enſus 10 deniers pour livre ; ce qui porte à près de 84 livres , c'eſt-à-dire , preſqu'au double ſa contribution ordinaire.

Tout laiſſe penſer à la Nation , que dans l'auguſte Aſſemblée où le Roi appelle ſes Chefs , ils feconderont la bienfaiſance du Monarque ; & feront pour elle , ce qu'ils ont déja fait dans les Aſſemblées provinciales , & qu'ils partageront l'impoſition pour les chemins.

Il ſemble même que les vues du Gouvernement ne s'éloignoient pas de ces principes , qu'il en reconnoiſſoit la juſteſſe , puiſque longtems avant la promulgation de cet arrêt du 6 ſeptembre 1786 , on avoit obſervé que dans l'Iſle de Corſe , où la puiſſance ſouveveraine , libre dans tous ſes mouvemens , a pu s'exercer ſans rencontrer les obſtacles qui naiſſent de la routine & des anciens uſages , & où elle n'a voulu déployer son pouvoir que pour opérer le bien public, tous les Ordres ont été soumis à participer aux frais de la confection des chemins. Ils s'y font à prix d'argent, & la somme qu'ils coûtent est répartie au marc la livre de l'imposition générale nommée *subvention*, de laquelle aucun Corse laïque ou ecclésiastique n'est exempt, & qu'il paie en proportion du revenu de ses biens.

On peut reprocher aux Ecrivains qui ont traité cette question des chemins de ne l'avoir pas assez généralisée. La plupart, pour ne pas dire tous, ne l'ont envisagée que sous l'étroit point de vue convenable tout au plus aux limites d'une Intendance. Comment n'ont-ils pas apperçu l'injustice qu'il y a de condamner chaque Province à supporter seule le fardeau du prix de ses chemins ? Quelle Province ressemble à une isle ? Il faudroit cependant, pour justifier cet usage, que les habitans de chaque Province & leurs voitures fussent, comme il arrive dans une isle, les seuls qui pussent faire usage de ses chemins. Dans une isle, en effet, les chemins ne font utiles qu'à l'isle même ; dans une Province qui en a d'autres limitrophes, ils sont utiles à tous les paysans voisins. Les Provinces d'un grand royaume, tel que la France, n'étant pas toutes d'une égale étendue, n'ayant pas chacune une étendue de routes proportionnelle à leur surface, cette quantité de routes n'étant pas plus en raison de leurs richesses & de leurs populations respectives, mais bien plutôt en raison de leur position géographique, il a dû arriver que les Provinces centrales les plus

pauvres ont pu avoir plus de chemins à cons-
truire rélativement à leur furface , quoiqu'elles
euffent une moindre population , une moindre
richeffe , & peut-être même moins d'intérêt à
leur conftruction que les Provinces voifines.
Leurs chemins fe feront auffi trouvés plus fujets
à de fréquentes réparations que ceux des Provinces frontieres , parce qu'étant fituées au
centre du Royaume , leurs routes auront nécef-
fairement dû être parcourues par un plus grand
nombre de voitures que celles des Provinces
de la circonférence.

Voyez l'Auvergne, pays montagneux , âpre,
fauvage , pauvre , peu habité, on le condamne
à ouvrir des chemins dans fes montagnes : ces
chemins, à égale étendue, doivent coûter davantage que dans les Provinces dont le fol eft à
la fois moins dur & moins inégal ; il faut encore ,
toujours à égale étendue qu'ils y foient faits par
un moindre nombre de bras : voilà donc des
caufes qui rendent une lieue de chemin faite
en Auvergne plus chere que trois & peut-être
quatre lieues de chemin faites en Touraine ou
en Picardie. Cependant les denrées des Provinces qui entourent l'Auvergne pouvant , au
moyen de fes chemins, la traverfer à moindre
frais, gagnent évidemment à leur conftruction ,
& plus même que cette Auvergne, fi fon fol
lui fournit moins d'objets de commerce que
celui des Provinces qui l'avoifinent. Puifque
les chemins de l'Auvergne ne feroient pas pro-
fitables aux feuls Auvergnats, il paroîtroit jufte
qu'ils n'en fupportaffent pas feuls la dépenfe ;
car la conftruction & l'onéreux entretien de

ces routes , fans ceffe traverfées par les voitures
qui fe porteroient du nord au midi , & de l'eft
à l'oueft de la France , pourroient devenir
pour cette Province une charge nouvelle &
permanente , plus forte peut-être que les bénéfices qu'elle en retireroit , ou capable au moins
de diminuer ceux qu'elle auroit eu droit d'attendre de ce fruit de fes travaux.

Le même raifonnement pouvant s'appliquer
à toute Province intérieure , & en général à
toutes celles qui compofent le vafte corps de
la Monarchie françoife , il en faut conclure que
le commerce , qui fur-tout profite des chemins ,
rendant ceux de la Bretagne utiles à la Provence , & ceux du Languedoc à la Flandre ,
il eft jufte que ces pays cooperent réciproquement à la conftruction des routes dont ils reti-
rent réciproquement des avantages. Toutes les
autres Provinces pouvant être mutuellement
confidérées fous cet afpect réciproque , & ayant
entr'elles une correfpondance générale , toutes
doivent enfemble payer la façon des chemins
qui établiffent cette utile réciprocité de correfpondance.

Mais dans quel rapport contribueront-elles
à ce paiement? Ce devroit fans doute être dans
celui de l'utilité que ces routes leur procurent.
Or , une Province qui a peu de denrées à expor-
ter , ne bénéficie pas autant par la confection des
chemins qu'une Province de femblable étendue ,
mais dont le territoire eft plus fertile , ou le
peuple plus induftrieux. Ce rapport d'utilité ou
de profit varie donc en raifon de l'opulence des
Provinces ; il varie auffi en raifon de leur po-

pulation, de leur induſtrie, de la quantité d'objets qu'elles exportent ou qu'on leur importe :
mille autres cauſes qui offriroient de nouvelles
variétés dans les réſultats, montrent que ce
rapport d'utilité eſt auſſi inégal que difficile,
pour ne pas dire impoſſible à fixer d'une maniere
exacte. Afin d'être juſte envers toutes, il faut
donc ſe réduire aux principes ſuivans, qui pa-
rent à toutes les difficultés locales.

Des chemins devant être faits à prix d'argent dans tout le Royaume, la maniere la moins
onéreuſe de lever la taxe qui doit les payer,
eſt de l'impoſer ſur tous les ſujets, parce que
l'impôt, une fois déterminé, plus il y a de
contribuables, plus il eſt facile à ſupporter.
Le Royaume eſt un, il n'a qu'un même intérêt, celui de ſa proſpérité générale. Les routes
ſont une des ſources de cette proſpérité ; il en
faut ouvrir : utiles à tous les ſujets, elles doivent être conſtruites à leurs frais communs. La
France entiere ne doit donc avoir pour ſes
chemins qu'une loi, qu'une taxe & qu'une adminiſtration. Rien n'eſt donc plus vicieux que
ce ſyſtême, qui morcelant la France en pluſieurs diſtricts, aſſigne à chacun d'eux l'obligation de faire ſes chemins à ſes dépens : rien ne
ſeroit donc plus juſte que de les faire conſtruire
dans tout le Royaume au moyen du produit
d'une taxe générale.

Si un Royaume méditerranée ſentant, ainſi
que ſes voiſins, le beſoin des communications,
avoit pu s'arranger avec eux pour travailler en
même tems à cet utile ouvrage, il auroit, à
beaucoup d'égards, dû ſuivre le ſyſtême adopté

en France. Prenons la Pologne pour exemple.
Elle feroit convenue avec l'Autriche, la Pruffe,
la Ruffie & le Turc, d'ouvrir chez elles les
routes qui pouvoient leur être utiles, & ces
Puiffances feroient réciproquement convenues
d'ouvrir fur leurs territoires refpectifs, celles
qui pouvoient fervir à la Pologne, & offrir à
toutes enfemble des avantages mutuels. Suivant
cet accord, il eût été jufte que l'impofition qui
auroit dû payer la façon des chemins, dans
chacun de ces Royaumes, eût non - feulement
été privative à ce Royaume, mais que les deniers provenans de fa levée fuffent confommés
dans le pays qui les auroit fournis ; parce que
ces Etats formant des Corps parfaitement dif-
tincts, obéiffant à des Loix & à des Princes
différens, on n'auroit pu former une maffe
commune du produit de toutes ces taxes, pour
en payer indifféremment le travail des chemins
dans quelqu'état qu'ils fe trouvaffent, & qu'au-
trement c'eût été faire payer au Hongrois, les
chemins de la Pologne, & au Polonois, ceux
de la Turquie. Mais les Provinces de France font-
elles donc entr'elles ce que ces divers Royaumes font entr'eux ? Cette idée n'eft pas fuppor-
table, & cependant on n'a ceffé de dire qu'il
falloit que chaque Province y fit ou y payât
fes chemins ; & toutes les méthodes fuivies jufqu'à ce jour n'ont pas permis de s'écarter de
ce plan evidemment injufte, puifqu'il donne à
des Provinces une tâche ou une impofition qui
n'a fouvent aucun rapport ni avec fes facultés,
ni avec fes forces, fi on la compare avec la
tâche ou l'impofition affectée à l'une de fes

voisines : il résulte donc de cette méthode une inégalité de contribution à la chose publique, par les sujets du même Prince, dans un même genre de prestation qui blesse les premiers principes d'une bonne & sage administration.

Non-seulement ce vice radical entache tout notre système actuel, mais il nuit essentiellement au but même de l'entreprise des chemins ; car il force de faire peu de travail dans quelques pays, parce qu'ils sont dépourvus de moyens, & arrête conséquemment l'achevement des communications & la progression du commerce : or un système général d'imposition fait disparoître tous ces défauts. Il est permis, avec lui, d'appliquer les dépenses là où elles sont le plus promptement ou le plus généralement utiles ; avec lui, aucune Province, aucun membre de l'Etat, ne se trouve avoir plus fourni à cette contribution, que tout autre sujet ayant les mêmes facultés que lui dans quelque Province que ce soit ; avec lui, les routes sont achevées aussi vîte que les moyens de la masse entiere de la Nation le permettent ; avec lui, elle jouit aussi promptement qu'il est possible, de tous les bénéfices que lui promet l'achevement de ces travaux. On peut maintenant comparer ces principes avec la disposition de l'article Ier. de l'Arrêt du Conseil du 6 septembre 1786, & juger si ceux qui ont dicté cet article sont préférables.

C'est ici que nous devions rechercher combien il reste de lieues de chemin à ouvrir en France, & nous croyions avoir approché de la vérité, en fixant à 6000 le nombre de celles des routes qui lui manquent encore ; mais un Magistrat parfaitement instruit de cette partie de notre administration, & qui s'est occupé avec succès des moyens d'adoucir le régime qui la gouverne ; un Magistrat, dont il faut respecter les lumieres supérieures, a jugé cette question indifférente. Il a regardé comme un principe, qu'on ne devoit pas s'attacher à chercher le nombre de lieues de chemin qui nous restent à faire , parce que nos grandes & nos plus importantes communications étant achevées , il étoit médiocrement utile de savoir l'époque précise , à laquelle le travail total de la confection des routes pouvoit être achevé , mais qu'il falloit plutôt s'occuper de connoître quelle étoit la somme d'imposition dont l'Etat pouvoit, sans surcharge , supporter l'addition , pour être appliquée à ce genre d'ouvrage. Cette somme étant connue , & y étant annuellement employée , il importe , en effet , d'autant moins d'être instruit du terme de ces travaux, que , vu l'augmentation progressive des routes & de la quantité & du prix des entretiens (*a*) , il est plus que probable que lors de cet achevement total des chemins , cette somme ne se trouveroit que suffisante pour subvenir à la dépense courante & annuelle de cette branche

______

(*a*) On sentira le poids de cette observation , lorsqu'on saura qu'il existe déjà des parties de chemin qu'il faut entretenir , quoique leur construction ait épuisé les carrieres voisines , & qui ne peuvent plus l'être qu'en allant chercher les pierres dont ils ont besoin , à une distance de 14000 toises.

d'adminiſtration , qui auroit alors pris une im-
portance & une étendue d'autant plus grande
& d'autant plus intéreſſante , qu'on auroit pu
la faire porter ſur les chemins ruraux , par leſquels un ſyſtéme mieux ordonné , & plus con-
ſéquent , auroit peut-être dû commencer.

Mais la France poſſede-t-elle le nombre d'ouvriers libres , néceſſaire pour entreprendre &
achever ce ſi prodigieux ouvrages, ſans que
leurs travaux arrêtent ou nuiſent aux autres
travaux indiſpenſables & ordinaires ? Quelques
perſonnes ayant cru pouvoir en douter , nous
feroit-il permis de diſſimuler ici leurs objections? Nous ne le penſons pas. Les réflexions
que nous placerons à leur ſuite , avec la même
impartialité , mettront nos Lecteurs en état de
juger ſi ces objections ont quelque ſolidité.
Selon ces incrédules, l'exemple du Languedoc
& du Berry , qui ont fait faire leurs chemins
par la voie des adjudications , ne prouve point
aſſez démonſtrativement qu'on puiſſe l'appliquer
en même tems à toute la France. Ces Provinces
& celles qui ont ſuivi leurs principes , n'ont
peut-être trouvé la quantité d'ouvriers qui leur
étoit néceſſaire , que parce que les journaliers
des Provinces voiſines , attirés par l'ouvrage ,
venoient peupler leurs atteliers. Si en même
tems ce genre de travail & ces atteliers ſe trouvoient , par un régime nouveau & général ,
répandus à la fois dans toutes les Provinces ,
n'eſt - il pas très - vraiſemblable que chacune
d'elles ſe trouveroit bornée à ſes ouvriers ordinaires, qui pourroient alors n'être pas ſuffi-
ſans ? L'exemple particulier de deux ou trois

Provinces ne doit donc pas conduire à rendre général leur fyftême de travail, s'il eft vrai qu'il n'ait été poffible chez elles, que parce que le refte du Royaume étoit régi par un autre fyftême, des vices duquel elles profitoient pour employer chez elles des ouvriers étrangers à leur territoire. On prétend que dans le tems où l'on a fait ufage de ce moyen avec le plus d'activité, après l'immortel Edit de fuppreffion des Corvées, on n'a pu réuffir à former plus de 600 atteliers de 50 hommes chacun. Lorfqu'on a voulu en établir de plus confidérables aux ponts de Tours, de Moulins, d'Orléans, on a toujours eu beaucoup de peine à raffembler 4 à 500 ouvriers ; il s'eft paffé des mois entiers avant de les completter, & ils étoient compofés de gens de toutes les Provinces ; il n'y a pourtant jamais eu plufieurs de ces grands atteliers fubfiftans enfemble. L'expérience ici n'eft donc pas tout-à-fait d'acord avec les tranquilles fpéculations de cabinet, & femble prouver que les Provinces n'ont gueres plus de journaliers qu'il ne leur en faut ; en effet, il eft affez naturel qu'ils y foient en proportion avec l'ouvrage. Privés des fecours des journaliers furabondans qui manquent, il a fallu dans tous les grands travaux recourir aux troupes, ou faire commander à prix d'argent les habitans des campagnes. Hauffez, dira-t-on, le prix de vos journées, & vos atteliers feront bientôt complets. Je veux le croire ; mais qu'en réfultera-t-il ? L'ouvrage des chemins fe fera chérement, & beaucoup d'ouvrage de main-d'œuvre dans le Royaume, ceffera de fe faire. De quelle quantité d'ailleurs augmentera-t-on le prix de la journée des travailleurs aux chemins? Sera-ce d'un tiers ? Alors pour les mêmes fommes il fe fera par an un tiers moins de chemin , & la durée de leur ouvrage s'augmentera d'un tiers du tems qu'on auroit dû y employer ; l'impôt qui devra les payer fe perpétuera pendant cette prolongation de tems , & on perdra en outre les bénéfices que leur achevement auroit procurés.

Ce ne feroit là que le moindre des maux que cauferoit ce furhauffément de prix. Les journaliers , fi néceffaires dans les campagnes , attirés par cet excédent de prix, en abandonneroient les ouvrages , & occafionneroient par cette défertion des pertes inappréciables. Les Habitans des villes, qui peuvent faire des facrifices plus étendus que l'adminiftration , haufferoient à leur tour le prix de la journée au-delà de celui fixé pour le travail des chemins, en feroient délaiffer les atteliers, ou forceroient par cette contre-manœuvre , à le hauffer au pair de celui qu'ils auroient fixé. Cette concurrence fatale, caufée par le befoin abfolu d'ouvriers, trop peu nombreux en raifon du travail , feroit la fource de mouvemens extraordinaires dans le prix des chofes de premiere néceffité ; mouvemens toujours funeftes , & que l'expérience des derniers tems doit avoir appris à redouter. L'équilibre qui s'établit naturellement entre l'ouvrage & les ouvriers , ne peut être brufquement dérangé fans caufer des convulfions qu'il eft bon d'éviter.

On oppofe à ces objections , dont nous n'avons point cherché à diminuer la force,

des raifons bien plaufibles & bien puiffantes.
On affure, fans balancer, que la France poffède
ce nombre d'ouvriers libres, néceffaire au travail des chemins ; & l'on cite à l'appui de ce
fentiment, la Normandie entiere, où la Corvée
n'a plus lieu ; la Haute-Guyenne, qui l'a fa-
gement profcrite, & toutes les autres Généralités du Royaume, lefquelles, à l'exception de
dix, ont adopté la méthode des rachats & des
adjudications, qui fuppofent qu'elles font pour-
vues des ouvriers néceffaires, puifque les chemins s'y exécutent fans l'emploi des Corvéables. Ces faits paroiffent décider la queftion,
& ne pas laiffer de doute fur la facilité qu'on
aura d'en trouver autant qu'en exige le travail
des chemins. Une expérience qui s'appuie fur
un ufage pratiqué avec fuccès dans plus de la
moitié du Royaume, peut laiffer croire qu'elle
réuffiroit également dans l'autre moitié.

Cependant, avant qu'une loi confacrât le
fyftême de la confection des chemins, par des
ouvriers libres & payés, ne feroit-il pas prudent à l'Adminiftration de demander en même
tems à tous les Intendans un état exact des
ouvriers de leur Généralité ? L'examen fait de
ces Etats, elle fauroit pofitivement fi elle a,
ou fi elle n'a pas le nombre d'ouvriers difpo-
nibles qu'on a douté qu'elle poffédât ; & la
queftion feroit encore, s'il eft poffible, plus
pleinement réfolue. Il eft maintenant prouvé
que pendant la paix elle pourroit avoir, fans
déranger rien à notre conftitution militaire, le
fecours de 25 à 30,000 foldats, non pour les
employer au travail ordinaire des chemins, ce

qui a été démontré impossible ; mais pour les répandre dans ses grands atteliers d'ouvrages d'art, secours qui feroit refluer vers le travail des chemins le même nombre de manœuvres, & augmenteroit sensiblement ses moyens.

Si avec ce secours extraordinaire l'examen des Etats du nombre d'ouvriers de chaque Généralité démontroit, comme il est très-vraisemblable, qu'on peut sans danger se reposer de l'exécution des chemins sur les atteliers des Entrepreneurs, on ne pourroit, on ne devroit pas même balancer à supprimer la Corvée, & à remplacer ce terrible impôt par la taxe modérée qui pourroit en tenir lieu, & suffire à la dépense de la confection des routes.

Les chemins étant utiles à toutes les classes de la société, l'impôt payé par toutes ces classes, la Capitation, n'offre-t-elle pas la base la plus convenable pour l'assiette de la taxe des chemins ? On dira que le Clergé n'est point soumis à cette imposition ; mais ce Corps possédant plus d'un quart des biens territoriaux du Royaume, ne souffrira pas, sans doute, que les autres Ordres fassent & payent les chemins destinés à augmenter sa richesse. Ce ne seroit donc pas blesser la justice que de l'imposer seul à un cinquieme de la taxe pour les chemins, & d'asseoir les quatre cinquiemes restans sur tous les autres sujets du Roi, en exemptant de cet impôt, afin d'éviter les non-valeurs, & de décharger le peuple, tous les capitables dont la côte n'excéderoit pas 2 livres.

Le recouvrement de cette taxe se feroit par les Collecteurs ordinaires de la Capitation, fur un article féparé, à la fuite de chaque cotte du rôle. Les Receveurs Généraux ou Tréforiers des Etats verferoient le montant de cette taxe dans la caiffe d'un Tréforier Général des chemins, lequel feroit établi à cet effet, & dont la caiffe feroit vérifiée tous les trois mois par la Cour des chemins. Afin d'obvier à la permanence de la taxe des chemins, d'en furveiller l'emploi, & d'en diriger le travail dans tout le Royaume, d'après un fyftême général, il feroit d'une utilité indifpenfable d'établir un Tribunal, Confeil, Bureau ou Comité, fous la préfidence ou la direction du Miniftre des Finances, & le titre de Cour des chemins auquel feroit attribué le droit de juger fommairement, fouverainement & gratuitement toute affaire contentieufe relative aux chemins.

A cette Cour feroient foumis d'abord les cartes & plans détaillés de toutes les routes du Royaume, tant de celles achevées, que de celles commencées ou projetées.

Les Intendans lui adrefferoient en outre tous les projets, plans & devis des chemins projettés dans leurs Généralités, avec les Mémoires propres à en faire connoître les avantages ou la néceffité.

La Cour des chemins ayant examiné ces projets, décideroit des ouvrages qui devroient être faits, & en affigneroit les fonds ; mais ces projets qu'elle auroit ou rectifiés ou modifiés fuivant l'exigence des cas, ne pourroient être mis à exécution, que préalablement les chemins projettés n'euffent été tracés par des piquets fix mois avant l'époque du commencement du tra‑

vail,

vail, afin de laiffer aux Propriétaires le tems
de faire parvenir à la Cour des chemins leurs
repréfentations fur lefquelles elle ftatueroit.

Les terreins qui devroient être occupés par
les chemins, ou fouillés pour en fournir les
matériaux, feroient payés à leurs Propriétaires,
non en vertu des réglemens actuels dont l'injuftice eft palpable, non fur l'eftimation toujours
infidelle d'un Ingénieur, qui, pour favorifer
l'exécution de fon plan, ne manqueroit pas de les
foufeftimer, mais fur l'eftimation faite par trois
Experts, l'un nommé par le Propriétaire, l'autre
par l'Intendant, & le troifieme par la Cour
des chemins, ou par les deux premiers Experts
choifis.

Les adjudications des ouvrages fe feroient
par ordre de la Cour des chemins devant l'Intendant, & toujours après avoir fait afficher un
mois au moins d'avance dans toutes les villes
de fa généralité, un extrait du dévis & de
fes conditions; les correfpondans de la Cour
des chemins l'informeroient de la publication
de ces affiches.

Les entrepreneurs ne pourroient être payés
que fur une ordonnance de la Cour des chemins, laquelle ne pourroit la donner que fur
le procès-verbal de réception des ouvrages,
à moins que pour faciliter les entreprifes,
elle ne jugeât convenable d'accorder des à
comptes fur l'avis des Intendans, lefquels à
comptes ne pourroient jamais paffer jufqu'à
leur entiere exécution les deux tires du prix
des ouvrages adjugés. Quant à leur réception
elle fe feroit par l'Intendant, qui, à ce moyen

feroit obligé de les visiter, par l'Ingénieur & par deux Commissaires nommés à cet effet par la Cour des chemins.

Les Intendans feroient tenus d'envoyer tous les ans à cette Cour, un état des paroisses de leur généralité, contenant les sommes pour lesquelles chacune auroit contribué à la taxe des chemins.

Les collecteurs de cet impôt ne pourroient le percevoir, sous peine d'être pourfuivis comme concussionnaires, sans avoir fait viser leur rôle de perception par le Juge royal dont dépendroit la paroisse taxée. Ce Juge tiendroit note du montant de la taxe des paroisses de son ressort, & en adresseroit l'état certifié à la Cour des chemins.

Cette Cour, par la comparaison des susdits états fournis par les Intendans & par les Juges, s'assureroit que la taxe qu'elle auroit décernée pour chaque Généralité, y auroit été imposée & répartie sans addition , & par les quittances des Entrepreneurs des ouvrages , que la totalité de la taxe dans le Royaume y auroit été employée à son objet, & qu'il se trouveroit ou ne se trouveroit pas un reste , qui n'ayant point eu d'emploi , devroit être déduit de la taxe à impofer dans les années suivantes.

Tous les ans la Cour des chemins rendroit compte de son administration au Ministre des Finances , & publieroit deux états, l'un contenant la somme impofée dans l'année pour les chemins , fa répartition pour la perception dans les Généralités, & fa distribution aux ouvrages assignés dans les mêmes Généralités ;

(51)

l'autre contenant le montant des adjudications
desdits ouvrages, les quantités qui en auroient
été finies, les payemens faits en conséquence,
& le nom des lieux où ils auroient été exécutés. Pourquoi craindroit-on de raffurer parfaitement la Nation même, en lui apprenant
ce qu'on a fait pour elle, & l'emploi de fes
deniers ? Pourquoi ces mêmes états, ou du
moins des extraits d'eux, pour chaque Généralité, ne feroient-ils pas adreffés aux Rédac-
teurs des affiches de provinces, qui, en vertu
de l'obtention de leurs privileges, feroient
tenus de les y inférer afin de leur donner la plus
grande publicité? Les adminiftrations pures n'ont
rien à redouter de l'œil du Public; & l'on
ne fait peut-être pas affez fe fervir de ce
moyen de la preffe, pour diriger l'opinion
publique, & favorifer les opérations du Gouvernement.

Au moyen de ces formes, cependant affez
fimples, on feroit affuré du bon & légitime
emploi des deniers deftinés aux chemins, du
tems où leur achevement feroit complet, &
de l'époque à laquelle la taxe pour leur confection & entretien, pourroit être allégée. On
feroit également fûr que les chemins feroient
établis fuivant des principes uniformes, avantage inappréciable, & qu'on ne peut obtenir
que par la création d'un Corps ou Commiffion,
uniquement occupé de cette partie ; on feroit
fûr qu'on n'en entreprendroit pas pour les
abandonner enfuite, comme cela doit arriver,
& arrive en effet, par les changemens qu'un
nouvel adminiftrateur fait, & fouvent avec

beaucoup de raifon , dans les plans de fon pré-
déceffeur ; on feroit fûr qu'on n'auroit par
conféquent plus à payer , d'abord les erreurs
d'un adminiftrateur , & enfuite les lumieres
d'un autre ; que la taxe fe trouveroit répartie
autant qu'il eft poffible avec juftice , & employée fuivant le befoin général ; que les propriétaires feroient indemnifés , & ne payeroient
pas la plupart deux fois , comme dans le fyftême
actuel , qui prend fans le leur payer (au moins
en beaucoup d'endroits) leur terrein , en même-
tems qu'ils contribuent , foit par leur travail ,
foit de leurs deniers , à le métamorphofer en
chemin ; on feroit fûr que de pauvres provinces ne fe trouveroient pas écrafées fous le
fardeau du travail ou des contributions aux
chemins , lequel peut fe trouver hors de toute
proportion avec leurs moyens ; que les Ingénieurs feroient réduits à ce qu'ils doivent uniquement être , les conftructeurs des chemins
& les furveillans des Entrepreneurs ; qu'ils per-
droient , au moyen de la Cour unique où
ils reffortiroient , cette grande influence fur les
décifions relatives aux chemins , que le public
s'eft plaint de leur voir fous beaucoup d'adminiftrateurs ; & qu'enfin , les Intendans n'étant
plus les chefs immédiats de ces travaux , en de-
viendroient avec bien plus d'utilité pour l'ouvrage & pour la Nation , les furveillans & les
juges.

Quant à l'entretien des chemins , c'eft l'ouvrage qu'on peut le plus facilement exécuter
par la voie des entreprifes ; il n'y faut prefque qu'une attention , celle de les divifer en

portions de trois ou quatre lieues, & de ne
pas fouffrir qu'un Entrepreneur fe charge de
plus d'une ou de deux. Cette divifion des entreprifes affure le grand nombre des Entrepreneurs & le rabais des conditions, met obftacle au crédit dangereux des grands Entrepreneurs, aux abus de confiance des prépofés
aux chemins, qui feront toujours punis quand
ils ne feront pas riches ou puiffans, ce qui
malheureufement eft tout un.

Au refte, comme l'entretien d'un chemin
bien fait demande, non des réparations, mais
une vigilance continuelle, & des foins journaliers, il pourroit fe faire d'une maniere très-
économique, en établiffant de lieue en lieue,
un *ftationnaire*. Quelques toifes de terrein
fuffiroient à fon petit établiffement, & il eft
une claffe d'hommes qu'on pourroit y rendre
très-utiles. Ce font les Vétérans & la plupart des
Invalides. En ajoutant à la folde que leur donne
le Département de la Guerre, une paye de fix
fous par jour, on en trouveroit tout ce qu'il
en faut. La guerre y gagneroit beaucoup de
frais de moins dans l'Hôtel des Invalides,
l'Etat une nouvelle fource de population,
l'adminiftration l'affurance du bon & économique entretien des routes & l'avantage de
leur plus grande fûreté, ces *ftationnaires* y
formant naturellement une efpece de garde.
Nous avons actuellement environ 6000 lieues
de routes dont il faut retrancher celles qui
font pavées, & que ces hommes ne pourroient
pas d'abord entretenir; en fuppofant qu'il y
ait 4000 lieues de routes non pavées, ce fe-

roit 4000 *stationnaires* à payer à six sous par
jour , & une dépense annuelle de 438000 liv.
ou de 109 liv. 10 sous par lieue ; & si on
ne plaçoit ces *stationnaires* que de deux lieues
en deux lieues, ce qui pourroit paroître suffi-
sant, cette dépense se trouveroit réduite à
219000 liv, ou 54 liv. 15 sous par lieue. Il
est probable que cet entretien coûte beaucoup
plus cher maintenant. Au lieu de bâtir de deux
en deux lieues le logement des *stationnaires* , on
pourroit charger les maîtres des Postes, de
leur fournir ce logement gratis, ils gagne-
roient tant à l'entretien des routes, que ce
logement, qui ne peut guere s'évaluer à 24 ou
30 liv. par an , ne leur seroit pas une charge
onéreuse. L'administration affermeroit ces logemens sur les routes où les Postes ne sont
pas établies. Le *stationnaire* ayant au plus une
lieue à faire de chaque côté de son poste ,
n'auroit point trop de travail , & il y seroit encore aidé par sa petite famille. Ces places se-
roient enviées ; & si le *stationnaire* , par sa
conduite ou sa négligence donnoit des sujets
de plainte, il seroit révoqué & remplacé par
les ordres de l'Intendant. On objectera que
j'augmente l'administration des chemins, mais
je répondrai que ce sont les chemins, leur
nombre & leur travail qui augmentent , & que
ces accroissemens déterminent & forcent ceux
de leur administration. On ne réfléchit pas
assez à l'étendue qu'elle a déja prise, à celle
qu'elle doit prendre encore : pour être bien
conduite, ses détails avec le tems , exigeroient tout celui des Intendans ; & comme

(55)

ils ne pourroient l'y donner fans négliger,
au grand préjudice du Roi & de la Nation,
les autres objets de leur compétence, il en
réfulteroit que pour leur avoir plus donné à
faire qu'il n'eft donné à l'homme d'exécuter,
on verroit naître dans cette partie des abus
fans nombre, & des dépenfes fans fin.

La Cour des chemins réuniffant, fimplifiant,
& faifant marcher du même pied toute l'adminiftration des chemins, paroît l'inflitution
qu'il convient le mieux d'y appliquer.

Je fuis, au refte, loin de prétendre que le
fyftême d'une légiflation, d'une adminiftration
& d'une impofition uniforme & générale pour
les chemins, foit celui qu'il faille excfufive-
ment adopter & introduire fur le champ en
France. Les meilleures loix ne peuvent, ni toujours, ni indifféremment dans tous les tems,
être données aux Peuples. Il faut avoir manié
les affaires & fe voir depuis long-tems à la
tête de l'adminiftration d'un pays, pour connoître le moment où l'on peut, fans danger,
changer fes inftitutions. Les feuls Adminiftrateurs fupérieurs tiennent le thermometre qui
peut leur indiquer l'inftant favorable pour ces
opérations. S'ils ne les exécutent pas, n'allons
pas les accufer d'ignorer les vrais principes,
croyons plutôt qu'ayant au-deffus des fimples
Théoriciens, l'avantage d'une pratique qui
manque à ces derniers, ils apperçoivent à ces
brufques innovations, des inconvéniens que la
fageffe leur dit d'éviter, & qui les forcent à
n'avancer que pas à pas dans la route du
bien.

D iv

J'ai penſé ſeulement que les principes que j'ai développés dans cet écrit étoient juſtes , & que je pouvois les livrer aux méditations de la Nation , parce que la raiſon étant , en derniere analyſe , la regle conſtante des bons gouvernemens , ils ne peuvent plus craindre d'en promulguer les loix , lorſque les Peuples éclairés ſur leurs véritables intérêts , ſe ſont habitués à entendre ſon langage. Les méchans ont dit : calomnions toujours , & il en reſtera quelque choſe ; les bons eſprits peuvent répéter avec plus de raiſon encore : diſons ſans ceſſe la vérité, & tôt ou tard nous la ferons entendre. En effet, la vérité reſſemble au liege jeté ſur la ſurface des mers, il y ſurnage, vingt Navigateurs le voyent & le retrouvent ſur leur route , beaucoup le laiſſent voguer & paſſent ; l'un d'eux, enfin, plus attentif & plus habile, le recueille à ſon bord , & en fait une bouée de ſauvetage. Lançons donc ſur l'océan du monde les opinions qui nous ſemblent des vérités , ſans craindre pour elles, l'inévitable naufrage que les ſeules erreurs y doivent rencontrer. Voyez le ſort qui attendoit les projets patriotiques de ce bon Abbé de Saint-Pierre : rempli d'un véritable eſprit public, qui à la gloire de la Nation , ſemble chaque jour s'accroître parmi nous, il ne ceſſoit d'offrir ſes idées au Régent de France , qui les nommoit les rêves d'un homme de bien, & lui promettoit que dans deux ou trois ſiecles on pourroit s'en occuper, le bon Abbé ſe retiroit content de ces eſpérances tardives, & cependant le même ſiecle qui vit naître vingt de ces rêves, les a vus ſe réaliſer.

Nous avons expofé les nôtres fur des queftions qui nous ont paru avoir encore befoin
d'être approfondies auparavant qu'on publie
une loi qui fuppoferoit qu'elles l'auroient été
fuffifamment. On peut fans doute en faire de
meilleurs , & nous le défirons fincérement.

FRAGMENT
D'UN ESSAI HISTORIQUE
SUR LES CHEMINS.

SANS grands chemins, point de grande culture, point de grand commerce, point d'arts au-
delà des arts les plus groſſiers, point de civiliſation. Tout tient à la difficulté ou à la facilité des
communications. Les mœurs, les eſprits ont,
comme le corps, beſoin de ſe frotter pour ſe
polir. Un peuple reſte barbare tant que les indi-
vidus qui le compoſent ſont forcés de vivre iſolés
& manquent des moyens de ſe communiquer
entr'eux. Les chemins ſont à l'Etat, ce que
les veines ſont au corps, les uns cauſent les
échanges, la circulation, doublent la richeſſe
& la puiſſance, les autres portent le ſang,
entretiennent le mouvement & la vie. Détruire les chemins d'un grand Etat, c'eſt couper
les veines d'Hercule.

Républicains, Inſulaires, Habitans des montagnes, préférez-vous la liberté à la richeſſe,
au luxe, aux plaiſirs bruyans qui les ſuivent, à
la politeſſe des mœurs, à la culture de l'eſprit
qu'ils produiſent ? n'ayez point de grands
chemins. N'ouvrez pas cette facile voie aux
conquérans. Les grands chemins ſont une chaîne

dont on enveloppe tout un Peuple, & avec laquelle on reste le maître de tous ses mouvemens. Consentez donc à rester, ou du moins à nous paroître, ou féroces ou barbares ; ne vous croyez point outragés en recevant ces dénominations qui dénotent des vertus qui vous sont nécessaires, & qui nous manquent, qui font votre gloire & votre sûreté, & qui feroient notre malheur : n'aspirez point à nos arts, à notre goût, à nos plaisirs ; cessez de prétendre à nos sciences, à nos talens, à nos graces ; ne soyez jaloux, ni de l'éclat qui nous environne & que nous repandons au loin, ni de l'espece de bonheur que nous avons su nous procurer, & laissez-nous au sein de la corruption perfectionner tous les jours l'art d'adoucir & d'embellir la vie ; mais employez tous vos momens, tous vos soins, à vous composer un bonheur plus agreste, plus simple, & tout différent du nôtre, ou renoncez aux délicieuses jouissances que vous espérez, & que vous avez droit d'attendre de la liberté.

Les chemins importent essentiellement, nonseulement à la richesse & à la puissance d'un grand état, mais encore à sa défense. C'est par eux que la France peut porter en peu de de tems, & à peu de frais, toutes ses forces de son centre à sa circonférence. Mais, si contre la maxime éternelle & très-sage de porter d'abord le théâtre de la guerre chez ses ennemis, elle se voyoit réduite à la fâcheuse nécessité de se défendre chez elle, on pourroit craindre, a-t-on dit, que ses grands chemins, après avoir long-tems contribué à sa fortune & à sa gloire, ne serviſſent à lui faire éprouver les plus grands malheurs. Cette crainte, aſſez frivole, ne ſauroit compenſer ni même balancer en rien les avantages infinis qu'elle retire de ſes routes, parce qu'au beſoin on détruit en peu d'heures devant l'ennemi tous les chemins qui pourroient lui ſervir. Cette objection a fait naître la queſtion de ſavoir ſi les chemins devoient, près des côtes & des frontieres, leur être paralleles, ou ſe diriger perpendiculairement vers l'intérieur. On peut croire que ſuivant l'état de la queſtion, le parallcliſme des routes ſeroit dangereux, parce que, ſur les côtes, comme ſur les frontieres, il laiſſeroit à un ennemi, d'ailleurs aſſuré de ſes derrieres, la facilité de s'étendre, de ravager, ou de faire contribuer, tandis que ſi le chemin va de la circonférence au centre, il n'oſe pénétrer dans l'intérieur, parce qu'il allongeroit ainſi ſes flancs, les laiſſeroit en priſe, & que les partis qu'il lanceroit en avant pourroient être facilement coupés.

Il ſemble que les grands chemins auroient dû naître auſſitôt que les hommes furent parvenus au point de former degrandes ſociétés, & cependant tous les monumens de l'hiſtoire s'élevent pour contrarier cette opinion. L'Europe contenoit depuis long-tems une population immenſe, des corps de peuples nombreux, de grands Etats, ayant atteint déja un certain dégré de civiliſation, & elle ne connut les grands chemins qu'en ſubiſant le joug des Romains.

L'Afrique renferme des Royaumes très-étendus, & ſi vous en exceptez l'Égypte & l'ancienne domination de Carthage, l'Afrique n'eut jamais, & n'a point encore de grands chemins.

L'Amérique entiere, à l'exception du Pérou, n'en avoit pas davantage avant de devenir la proie des Européens. L'Afie, le berceau du genre humain, la plus belle, la plus riche, la plus vafte partie monde, n'eut & n'aura peut-être jamais d'autres grands chemins que ceux qui, dit-on, exiftent à la Chine, empire qui ne reſſemble en rien au refte de l'Afie.

Une Nation peut avoir des villes, des loix, des arts, un commerce fans grands chemins. Leur utile invention n'a dû fe montrer que chez un Peuple déja très-policé, commerçant, riche, & voulant étendre avec fon commerce, ou fa domination, ou fes jouiffances. Auffi l'attribue-t-on aux Carthaginois. Les grands chemins, tels que nous les concevons, ne peuvent fe trouver que chez un Peuple extrêmement civilifé, tranquille, & poffédant un fyftême général d'adminiftration intérieure bien fuivi. Ils ne peuvent même fubfifter chez lui que par les mêmes caufes qui leur ont permis d'y naître. Suppofez ce pays troublé par de longues guerres civiles ou étrangeres, appauvri, dépeuplé, ne pouvant ou ne voulant plus reconnoître les loix d'une adminiftration générale, les grands chemins y difparoîtront, & après la révolution de quelques fiecles, il en faudra rechercher les veftiges cachés fous les ronces de la barbarie qui aura tout détruit.

Non-feulement ce font ces Carthaginois que les Romains vainquirent avec tant de peine & tant de bonheur, & qui nous les ont dépeints

avec les couleurs infideles d'une haine immo-
dérée , auxquels femble appartenir la gloire
d'avoir fenti les premiers l'utilité des grands
chemins ; mais c'eft à ces mêmes Peuples dont
l'Afrique doit à jamais déplorer la ruine, qu'eft
due celle d'avoir perfectionné leur invention ,
puifqu'il paroit qu'ils eurent des voies pavées.
Sans doute ils créerent une police & des loix
rélatives à la conftruction, à l'entretien & à la
fûreté de ces routes ; mais il ne nous refte aucune
notion de ces réglemens. Les Romains , en dé-
détruifant la fuperbe Carthage, voulurent anéan-
tir jufqu'à fa mémoire, & l'un des Peuples qui
a figuré avec le plus d'éclat fur la terre, eft
devenu, par la jaloufie de fes vainqueurs , l'un
de ceux dont les inftitutions font le moins par-
venues à la poftérité.

Les Grecs paroiffent ne s'être occupés des
grands chemins que pendant les beaux jours de
leur République. Le Sénat d'Athenes étoit chargé
de leur adminiftration. Thebes & Lacédémone
en avoient confié le foin à leurs citoyens les
plus importans. Mais fi, comme on le croit,
la Grece n'eut jamais de voie pavée , elle fut
loin d'ajouter à l'heureufe invention des Carthaginois. Il valoit fans doute mieux ouvrir &
former des chemins commodes , que de prodi-
guer fur leurs bords les inutiles ftatues de dieux
tutélaires , qui vraifemblablement les gardoient
affez mal. La vanité des Grecs mit fouvent le
fafte à la place de l'utilité. La nature, au refte,
ne pouvoit pas avoir deftiné ces Peuples à donner au refte du monde des exemples de ce genre
d'induftrie & de ce moyen de civilifation. En

effet les Grecs avoient, par la pofition de leur pays, moins que tout autre peuple, befoin de grands chemins ; ils habitoient un Archipel, la plupart de leurs villes étoient bâties fur la côte, la mer étoit le vrai chemin qu'ils devoient chercher à s'ouvrir, puifqu'elle étoit l'obftacle qui s'offroit le plus fouvent à leur communication réciproque.

Les Romains, conquérans par fyftême, & dévorés du défir de dominer les Nations, eurent pour les fubjuguer, & furtout pour les contenir après la conquéte, doublement befoin de donner aux chemins la plus férieufe attention. Auffi, de tous les Peuples qui ont paru avec quelqu'éclat fur la fcene mobile du monde, font-ils celui qui, dans ces travaux, a développé la plus grande induftrie. Si à plufieurs égards les peuples modernes l'ont encore furpaffée, il faut cependant admirer l'art avec lequel les Romains donnerent à leurs monumens dans ce genre, une folidité qui les a fait furvivre long-tems à leur Empire. Plufieurs fubfiftent encore de nos jours, & les principaux chemins qui partent de la Rome moderne, font ceux que la Rome ancienne, la Rome libre & guerriere avoit conftruit.

Les chemins firent à Rome la fortune & la gloire de fes premiers citoyens & de fes meilleurs Princes. Ils acquirent une célébrité durable & méritée aux noms d'Appius, de Flaminius, d'Aurélius, de Céfar, d'Augufte, d'Aggrippa, de Trajan. Cependant en Italie, comme dans la Grece, leur conftruction demandoit moins de dépenfe qu'elle n'en exige dans nos climats. Ils n'avoient befoin que d'un entretien très-médiocre , & peut-être nul , parce que la qualité des matériaux dont ils étoient formés , étoit fupérieure à celle de ceux dont nous fommes forcés de faire ufage , & que la chaleur de ces régions les préfervoit de la caufe la plus immédiate de leur deftruction , de l'alternative du froid & du chaud, du fec & de l'humide , qui tient les corps dans un état voifin de la diffolution ; qu'enfin les chemins n'avoient pas , comme les nôtres , des charges de douze à quinze milliers à fupporter.

Sans compter les chemins faits par les Romains dans l'Italie , dans les Gaules , dans la Germanie , ils avoient achevé , pour communiquer avec les autres parties de leur Empire 10797 lieues. Mais tous les chemins n'étoient pas , comme on l'a dit , faits par leurs légions. Vefpafien payoit de fes propres deniers la réparation de ceux de l'Italie , tandis que les Peuples conquis étoient forcés de faire les autres par Corvée (1). -

____

(1) L'auteur de l'article *Corvées* , dans l'Encyclopédie méthodique , veut abfolument qu'on emploie nos troupes au travail des chemins , parce que , dit-il , celles des Romains en étoient chargées. Ce feroit renouveller , mal-à-propos , dans cet écrit uniquement deftiné à être utile , une difpute d'érudit , qui ne le feroit guere , que d'y répéter toutes les preuves qu'on a données ailleurs que les foldats Romains ne faifoient , ni n'auroient pu faire feuls les chemins de l'Empire. Pour tous ceux qui cherchent la vérité dans l'hiftoire , & non pas des preuves à l'appui des opinions qu'ils avoient prifes avant de la lire , ce fait eft autant démontré que peut l'être

L'an

L'an 442 de Rome , Appius Claudius com-
mença le premier & le plus beau grand chemin qu'aient eu les Romains , la voie Appienne
qui menoit de Rome à Capoue. Deux voitures
y pouvoient paſſer de front. Elle fut pavée
de pierres de trois à cinq pieds de ſurface,
apportées de carrieres fort éloignées , & aſſemblées entr'elles auſſi exactement que celles des
murs les mieux conſtruits.

----

un fait hiſtorique dans l'article *chemin* du même
ouvrage , & l'on y renvoye.

On ajoutera ſeulement ici quelques lignes extraites
des queſtions ſur l'Encyclopédie. « Preſque toutes
» ces étonnantes conſtructions ſe firent aux dépens du
» tréſor public. Céſar répara & prolongea la voie
» Appienne de ſon propre argent. --- Quels hommes
» employoit-on à ces travaux ? Les *eſclaves* , les *peu-*
» *ples domptés* , les *provinciaux* , qui n'étoient point
» citoyens Romains. On travailloit par Corvées ,
» comme on fait en France & ailleurs , mais on leur
» donnoit une petite rétribution. » Si l'auteur de
l'article *Corvées* eſt plus inſtruit en hiſtoire que celui
qu'on vient de citer , l'auteur de l'article *Chemins*
ſe conſolera aiſément d'avoir eu tort avec Voltaire.
Mais une nouvelle preuve qui démontre que les
chemins des Romains ſe faiſoient ſur-tout à prix d'argent , ce ſont ces mots de Bergier , *Traité des chemins
de l'Empire.* « Auguſte fit réparer les chemins pu-
» blics , afin qu'on pût venir de toutes parts com-
» modément à Rome. Il en fit paver une partie , &
» pour ne point fouler le peuple en le taxant pour
» les frais de ces travaux , il y fournit en faiſant
» fondre les ſtatues d'or & d'argent que les villes & les
» Rois alliés lui avoient envoyées , changeant ainſi ces
» monumens de vanité , en monumens de bénéficence
» & d'utilité. » A quoi bon au reſte ſavoir ce qu'à

E

L'an 512 Caïus Aurelius Cotta ouvrit la voie Aurelienne, qui menoit de Rome, en longeant la mer de Tyrrhene jufqu'au Forum Aurelii.

L'an 533 C. Flaminius entreprit la voie Flaminienne, qui conduifoit de Rome à Rimini. Ayant été tué dans la deuxieme guerre punique, ce chemin fut achevé par fon fils.

Ces travaux plurent tellement au Peuple & au Sénat, que fous Jules-Céfar, Rome com-

---

cet égard ont ou n'ont pas pratiqué les Romains ? Pourquoi leurs ufages devroient-ils être les nôtres ? Et quelle pédanterie d'aller toujours chercher des guides dans les archives fi fouvent menfongeres de l'antiquité, quand il fuffit d'étudier la chofe fur laquelle on doit prononcer & de pefer au poids de la raifon, qui appartient à tous les hommes, les réfultats de fon étude & de fes réflexions ! On a dit au refte dans cet écrit, relativement à nos troupes, tout ce qu'il eft raifonnable d'en efpérer. Vouloir en exiger davantage, fous le vain prétexte que celles des Romains, dont la conftitution d'ailleurs ne reffembloit ni ne pouvoit reffembler à celle des nôtres, faifoient ce qu'il eft prouvé qu'elles ne faifoient pas, c'eft s'obftiner à tirer d'un fait faux, une conféquence qui ne fauroit être jufte. De ce que nos troupes peuvent fournir fans inconvénient 30000 hommes dans les grands ateliers d'ouvrages d'art, on n'en doit pas conclure qu'on puiffe également les éparpiller fur le travail ordinaire des chemins, parce que cette feconde efpece d'ouvrage répugne effentiellement à leur conftitution, quand l'autre peut s'y prêter. En voilà beaucoup trop fur cet article, celui qui l'écrit auroit fans doute dû s'en abftenir en fe fouvenant qu'on ne perfuade jamais un auteur auquel on répond, fût-ce par les meilleures raifons du monde.

muniquoit déja par des chemins pavés avec toutes les principales villes d'Italie. Alors on pouſſa les routes juſques dans les Provinces conquiſes, & pendant la derniere guerre d'A-frique, on conſtruiſit un chemin de cailloux taillés en carré, de l'Eſpagne au travers des Gaules, juſqu'aux Alpes.

Domitius Œnobarbus pava la voie Domi-tienne, qui conduiſoit dans la Savoie, le Dau-phiné & la Provence. Les Romains ouvrirent depuis en Allemagne une autre voie Domi-tienne.

Auguſte, maître de l'Empire, ne perdit pas de vue les chemins, & fut parfaitement ſecondé dans leur adminiſtration par Agrippa. Il ouvrit pluſieurs routes en Eſpagne, fit élargir & con-tinuer celle de Médina à Cadix ; il en dirigea deux autres ſur Lyon, l'une traverſoit la Ta-rentaiſe, l'autre fut pratiquée dans l'Apennin. Lyon devint le centre de la diſtribution des chemins dans les Gaules. Le premier condui-ſoit au travers de l'Auvergne dans l'Aquitaine ; le ſecond fut pouſſé juſqu'au Rhin & à l'em-bouchure de la Meuſe, & ne s'arrêta qu'à la mer d'Allemagne ; le troiſieme, parcourant la Bourgogne, la Champagne & la Picardie, finiſ-ſoit au port de Boulogne ; le quatrieme couroit le long du Rhône, entroit dans le Bas-Lan-guedoc, & retournoit finir à Marſeille ; d'autres chemins partoient de ces routes principales, pour ſe rendre dans les villes voiſines. Treves paroît avoir été un ſecond centre de diſtri-bution ; ſon nom ſeul, où l'on reconnoît les

mots *tres viæ*, l'indique affez. L'un des chemins qui fortoit de Treves, fe dirigeoit fur
Strasbourg, & menoit à Belgrade ; un autre
traverfoit la Baviere & pénétroit jufqu'à Sir-
mifch, en Efclavonie.

L'Italie avoit également des communications
ouvertes par les Alpes & la mer adriatique,
avec les provinces orientales. Aquilée fur cette
côte étoit un nouveau centre de réunion d'où
partoient différentes routes, l'une pour Conf-
tantinople, & c'étoit la plus importante, les
autres pour la Dalmatie, la Hongrie, la Croatie,
la Macédoine & les Mœfies. L'un de ces chemins alloit aux bouches du Danube, & s'étendoit jufqu'à Tomes.

Les mers couperent plutôt qu'elles n'inter-
rompirent les chemins des Romains. Des ports
lierent par-tout la communication de l'Italie
avec les iles & les provinces de l'Empire, où l'on
avoit pratiqué des chemins. On comptoit plus
de 600 lieues de chemins pavés en Sicile,
100 en Sardaigne, 73 en Corfe, 1100 dans
les îles Britanniques, 4250 en Afie, & 4674
en Afrique. La communication de Rome avec
cette Afrique, fi célebre alors, fi dégradée
aujourd'hui, fe faifoit du port d'Oftie, à celui
de Carthage, & c'étoit fur-tout aux environs
de cette malheureufe ville que les chemins
étoient les plus fréquens, parce que les Romains, profitant fans doute de ceux faits par
les Carthaginois, les compterent parmi ceux
qu'ils purent y ajouter.

Enfin, telle fut la correfpondance des routes

des deux côtés du détroit de Conſtantinople ;
qu'on pouvoit aller de Rome à Milan , à
Aquilée, ſortir de l'Italie, arriver par l'Eſ-
clavonie à Conſtantinople, traverſer la Natolie,
la Galatie, la Syrie, paſſer à Antioche, dans
la Phénicie, la Paleſtine, l'Egypte, voir
Alexandrie, ſe rendre à Carthage, s'avancer
juſqu'à Clyſmos, aux confins de l'Ethiopie &
s'arrêter à la mer Rouge, après avoir fait
2380 de nos lieues françoiſes.

L'imagination s'effraye en ne conſidérant
même que la quantité de ces prodigieux travaux ; & combien la ſurpriſe & l'admiration
n'augmentent-elles pas , lorſqu'on embraſſe
ſous un ſeul point de vue les difficultés qu'ils
ont préſentées, les forêts ouvertes, les montagnes coupées, les collines applanies, les
vallons comblés, les marais deſſéchés, les fleuves
couverts de ponts dans une auſſi vaſte étendue.

Tant de magnificence, il faut le répéter , à
ceux qui ne courant, ni ne connoiſſant le
monde, ne liſent & ne voyent que des livres,
& n'admirent ſi excluſivement les anciens,
que par ignorance de ce qu'ont fait les modernes, tant de magnificence, dis-je, a été
infiniment ſurpaſſée par les peuples de l'Europe.
Cette partie du monde contient ſeule aujourd'hui
trente fois plus de chemins que les Romains
n'en ouvrirent dans l'immenſe Empire qui
leur fut ſoumis, & leurs chemins n'ayant guere
que le tiers de la largeur des nôtres, il s'en-
ſuit que les Européens actuels ont, dans le
court eſpace de deux ſiecles, fait dans ce

genre, au moins foixante fois plus de travaux que les Romains n'en exécuterent pendant la longue durée de leur domination.

On commençoit la conftruction de leurs grands chemins, par tracer au cordeau deux fillons paralleles qui en fixoient la largeur. On creufoit enfuite l'intervalle de ces fillons & l'on y étendoit par couches fucceffives les matériaux. C'étoit d'abord un lit de ciment compofé de chaux & de fable de l'épaiffeur d'un pouce, fur ce lit on en étendoit un fecond de pierres planes & larges, affifes les unes fur les autres jufqu'à dix pouces de hau-teur, & liées entr'elles par un mortier très-dur ; on donnoit huit pouces d'épaiffeur à la troifieme couche qu'on formoit de petites pierres rondes, plus tendres que le caillou, mêlées à des moëllons, des plâtras, des décombres d'é-difices, le tout battu dans un ciment d'alliage ; la quatrieme couche avoit un pied d'épaiffeur, & étoit compofée de terre graffe mêlée avec la chaux, ces matieres intérieures formoient un maffif depuis trois jufqu'à trois pieds & demi d'épaiffeur ; la furface du chemin enfin, étoit compofée de gravois liés par un ciment mêlé de chaux. Cette croûte étoit fi ferme qu'elle a pu réfifter jufqu'à préfent dans quelques en-droits de l'Europe, & l'on avoit tellement reconnu fa folidité qu'on en avoit fait ufage pour tous les chemins, à l'exception des grandes voies, lefquelles en fortant des portes de Rome étoient pavées de larges pierres jufqu'à la diftance de 50 lieues.

Les fonds pour le travail des chemins étoient
si assurés & si considérables, qu'on ne se con-
tenta pas de les rendre durables & commodes,
mais qu'on s'occupa de les embellir. On y plaça
des colonnes de mille en mille pour en mar-
quer les distances, des pierres pour servir de
sieges aux gens de pied, & pour aider ces
cavaliers à monter à cheval, des ponts s'éle-
verent par-tout où ils furent nécessaires, & aux
environs de Rome & des grandes villes de
l'Empire, les chemins furent ornés d'arcs de
triomphe, de Temples, de Mausolées des grands
hommes, & de statues d'Hermès, dont on se
servoit dans les croisés des routes pour indiquer les chemins aux voyageurs.

Il ne faut cependant pas croire que tous les
chemins des Romains fussent construits avec ces
soins qu'ils réserverent, sans doute, aux plus
importans. En effet, auroient-ils trouvé par-
tout des matieres calcaires, des platras, des
décombres d'édifices ? La chaux & la pierre qui
la produit n'est pas universellement répandue
sur le globe ; on y parcourt des espaces de cent
lieues de suite qui en sont totalement dénués.
Si les Romains ont tracé des routes dans de
telles contrées, certainement ils les ont cons-
truites en suivant d'autres procédés que ceux
que nous venons de décrire. Il existe des ves-
tiges d'anciennes voies romaines, dont l'encais-
sement n'avoit été formé que de petites pierres rassemblées sans ciment, & telles que le pays
les offroit. Le tems, la pression, les lotions
successives avoient suffi pour en former une

couche d'une grande dureté , & il eſt probable que la plupart de leurs chemins ne furent
pas conſtruits par d'autres moyens. Ce ſont
ceux que nous employons , & dans quinze ſiecles
on ne peut gueres douter que nos chauſſées ne
puſſent acquérir la réſiſtance qu'offrent les vieilles voies romaines, ſi continuellement parcourues
& preſſées par des poids de douze à quinze
milliers ; elles pouvoient durer autant que celles
des Romains , qui ne firent jamais parcourir
leurs chemins par des voitures du quart de
cette péſanteur. On eſt fondé à ſoupçonner que
les Romains ont plus cherché à éviter les grands
obſtacles qu'ils rencontroient dans la conſtruction de leurs routes, qu'ils ne ſe ſont occupés
à les vaincre. En effet , au lieu de combler un
vallon , ou de percer une montagne , ils dé-
tournoient leur route , & la dirigeoient ſur les
pentes les plus acceſſibles ; s'ils avoient fait dans
les montagnes les travaux que nous y avons
exécutés , les veſtiges en ſubſiſteroient encore ;
car les traces des grands travaux dans les montagnes ne ſauroient s'effacer. Si ces anciens
tyrans du monde pouvoient renaître & ſe voir
tranſportés ſur nos routes, plus juſtes que nous ,
ils admireroient les chemins pratiqués dans les
montagnes du Jura , du Credo , du Cerdon ,
de Saverne, de Juviſy, de Tarare , de Trefou ,
du Pontou , de Pontchartrain , les levées de
Weſs, & ſur-tout nos ſuperbes ponts de Neuilly ,
de Tours , de Moulins , d'Orléans , les étonne-
roient , & leur feroient avouer , ſans peine ,
qu'ils ne nous avoient laiſſé , ni chemins , ni

monumens qui puiſſent ſe comparer, ou avoir
ſervi de modele aux chefs-d'œuvres en ce genre,
que la France a créés, & que les François ne
ſavent pas aſſez vânter.

A en croire les Hiſtoriens Eſpagnols, plutôt
que le ſavant Paw, leur contradiĉteur, les Péruviens auroient ſurpaſſé tous les travaux des Romains. Privés de l'uſage du fer, ces Peuples,
par une induſtrie dont on ne ſauroit même ſe
former d'idée, conſtruiſirent, de Cuſco à Quito,
un grand chemin bien nivelé de 500 lieues de
long. Il étoit pavé de pierres dont les plus
petites avoient dix pieds carrés, ſoutenu des
deux côtés par des murs d'appui, & bordé de
parapets. Deux ruiſſeaux coulöient au pied de
ces murs, & deux rangs d'arbres plantés ſur
leurs bords, formoient de ce chemin la plus
étonnante & la plus magnifique avenue. Si
l'exiſtence de ce chemin n'étoit pas une fable,
embellie de toute la richeſſe d'imagination des
Eſpagnols, ſi on pouvoit croire à des ruiſſeaux
de 500 lieues, qui ne ceſſent pas d'être ruiſſeaux dans un ſi long cours, qui leur permet-
troit de devenir par-tout ailleurs de très-grands
fleuves, il faudroit l'avouer, aucun Peuple
ancien ou moderne, n'auroit créé un monument public de cette grandeur & de cette
utilité.

La décadence de l'Empire Romain en Europe, y amena celle des chemins. Les Barbares
qui renverſerent ce Coloſſe de puiſſance qui
avoit foulé le monde, mais qui l'avoit éclairé
& civiliſé, ne ſavoient qu'envahir & détruire.

Au milieu de leurs ravages, les chemins dif-
parurent en France. Dagobert fentit la néceffité de les rétablir, & fit quelques réglemens à
ce fujet, il défendit de les barrer. Charlemagne, qui fut en tout fupérieur à fon fiecle,
fit réparer les voies militaires que les Romains
avoient ouvertes dans les Gaules ; avant ce
Prince, la Reine Brunehaut avoit fait rétablir
cette longue route qui, dans quelques endroits,
a encore retenu le nom de cette Princeffe.
Non-feulement l'efprit qui avoit animé Charlemagne s'éteignit dans fes Succeffeurs ; mais
tous les refforts du Gouvernement fe lâcherent
ou fe rompirent dans leurs foibles mains. La
France devint la proie d'une multitude de Seigneurs, qui tous d'accord pour fe fouftraire à
la puiffance des loix & du trône, le furent
encore prefque tous pour accabler les infor-
tunés habitans de leur Contrée. L'Anarchie
féodale détruifit toute police générale. Les
mœurs devinrent atroces, & il ne refta bientôt
plus à la nombreufe Nobleffe qui tyrannifoit la
France, d'autres vertus que le courage dont
elle avoit befoin, & quelques-unes de celles qui
naiffent de cette difpofition de l'ame. Le peuple alors avoit tout perdu, excepté la patience
avec laquelle il fupportoit fes longs & incroya-
bles malheurs, fentiment paffif, qui prouve
trop qu'en effet il avoit tout perdu. Alors
nâquirent fur le peu de chemins qui pouvoient
encore fubfifter, les droits de Péage, Barrage,
Pontonage, Travers, Bac, &c., droits qu'ufur-
perent, ou fe créerent les Puiffans. Point de

pont dont une tour ne défendît l'accès , ni
qu'on pût paſſer ſans payer. Le pont tomboit ,
le Seigneur n'étoit pas aſſez riche , ou manquoit
de l'induſtrie néceſſaire pour le reconſtruire ,
il y ſubſtituoit un bac , & de nouveaux droits ;
un chemin ſubſiſtoit , il le fermoit par des bar-
rieres & exigeoit un droit en argent pour les
ouvrir. Des abus de tous genres ſe multiplie-
rent , & à meſure que l'oppreſſion s'étendit les
chemins devinrent impratiquables , le commerce
ſe perdit , & le peu de voies qui avoient échappé
à tant de cauſes de deſtruction , ceſſant d'être
utiles , ceſſerent d'être entretenues.

Philippe - Auguſte ayant déja recueilli de
grands fruits de la politique de ſes prédéceſ-
ſeurs , qui tous s'étoient attachés à rendre à
l'autorité Royale le pouvoir que les Seigneurs
lui avoient arraché , ſe trouva aſſez puiſſant
pour publier quelques réglemens relatifs aux
chemins ; c'eſt à ce Prince que Paris dut en
1184 le pavé de ſes rues. Les Succeſſeurs de
Philippe , moins actifs & moins vigilans que
lui , négligerent les chemins , & oublierent les
Commiſſaires qu'il avoit créés pour veiller à
leur entretien. On crut bien faire d'attribuer
aux Juges des lieux la voierie , & c'étoit tout
ce qu'il étoit poſſible de faire de plus mal ; ils
continuerent d'être négligés , & la France , continuellement armée pendant les quatre ſiecles
ſuivans , n'eut ni le tems , ni le loiſir , ni les
Princes qui auroient pu les rétablir.

Louis XIV enfin , né avec le goût & le ſenti-
ment de tout ce qui étoit grand & utile , fit
ouvrir & commencer nos premiers grands che-

mins. Occupé de guerres & de bâtimens, & obligé de tout créer à la fois, il ne put avancer beaucoup le travail des chemins, qui plus que tout autre, demande du tems. Cette gloire étoit réfervée à Louis XV. Ce Prince embraffant un plan plus vafte, voulut que toutes les parties de fon Empire communiquaffent entr'elles, & avec l'Etranger. Il ouvrit & perfectionna feul plus de routes que n'en avoient fait enfemble tous fes Prédéceffeurs.

C'eft à lui qu'on doit l'inftitution de l'école & du corps des Ingénieurs des ponts & chauffées, & quand on a parcouru la France, on ne peut fe difpenfer de fentir de la reconnoiffance pour le créateur de cet établiffement, & de donner à cette école, qui a déja produit les artiftes les plus diftingués & les plus magnifiques ouvrages, le tribut d'éloges qu'elle a mérité.

Les arbres dont il eft ordonné de planter le bord des grands chemins augmente leur magnificence, & en font effectivement de fuperbes avenues ; mais ne nuifent-ils point à leur bonté, à la facilité de leur entretien, & à leur durée, fur-tout dans nos Provinces feptentrionales ? De grands arbres empêchent le foleil & les vents de les deffecher après de longues pluies. Il paroît fage d'en continuer l'ufage dans les Provinces du midi, parce qu'ils y offrent l'abri très-néceffaire de leur ombrage, & y fourniffent la reffource utile de leur bois dont elles manquent ; mais on pourroit défirer que les chemins de celles du nord ne fuffent jamais bordés que d'arbres fruitiers, qui s'élevent trop peu pour que leur ombre puiſſe nuire aux chemins.

On ne ſauroit gueres ajouter à la ſageſſe des précautions que l'adminiſtration a priſes dans ces derniers tems pour obvier à la prompte dégradation des routes dont le commerce abu‑ ſoit trop réellement, en leur faiſant porter, dans une même voiture, des fardeaux énormes, qui ne pouvoient manquer de les détruire en peu de tems. On ne peut que déſirer qu'on veille à les faire obſerver. Tous nos chemins ſont ou pavés, ou conſtruits en chauſſées d'empierre‑ ment, il paroît que l'expérience à fait préférer les chauſſées pavées pour les routes les plus fréquentées ; mais quoi qu'on ait porté la plus grande économie dans leur entretien, & qu'il ſe faſſe réellement à très‑bas prix, la conſtruc‑ tion des chauſſées d'empierrement & leur entre‑ tien ſont moins diſpendieux, & d'autant moins qu'on ne trouve pas par‑tout le grès, qui ſeul paroît pouvoir fournir un pavé ſolide. En géné‑ ral on le taille carrément ſur ſept à neuf pouces de longueur. Plus grand, il fatigueroit les che‑ vaux auxquels il offriroit une ſurface trop large & trop liſſe, ſur laquelle ils gliſſeroient très‑ dangereuſement pour eux & pour leurs Cava‑ liers. Ce principe eſt bien préférable à ceux qui dirigeoient les Romains & les Péruviens, lorſqu'ils employoient des pierres depuis cinq juſqu'à dix pieds pour paver leurs chemins, qui à ce moyen, durant les grandes chaleurs, comme pendant les fortes gelées, devoient être à‑peu‑ près impraticables, & ne pouvoient d'ailleurs ſe réparer, ni à ſi petits frais, ni avec autant de facilité que les nôtres.

On a commencé d'aſſujettir nos chemins à une meſure commune. Déjà tous ceux de la Généralité de Paris ſont ornés de mille en mille toiſes d'une colonne tronquée, d'ordre toſcan, timbrée d'une fleur de lis & d'un chiffre qui indique ſa diſtance d'un point central pris dans la Capitale. Chaque demi mille eſt déſigné par un cône tronqué, & chaque quart de mille par une pyramide exagonale tronquée. Ces colonnes milliaires auront, outre le mérite d'orner les routes, le très-utile avantage d'en déterminer les meſures, de maniere que l'Adminiſtration ne puiſſe être trompée par des maîtres de poſte avides, qui pour obtenir la taxe d'une demi poſte de plus, pourroient, ſans ces meſures, trouver des Arpenteurs complaiſans, & appuyer l'injuſtice de leurs demandes ſur leurs procès-verbaux, & toiſés, également infideles.

La France a en 1787 près de 6000 lieues de routes ſur leſquelles ſont établies des poſtes. Ainſi l'on peut eſtimer qu'elle entretient pour le ſervice public 1500 bureaux, 20,000 chevaux & 6000 poſtillons. Elle peut encore augmenter ſes routes de poſte d'environ 4000 lieues. Alors elle auroit environ 3000 bureaux, 30,000 chevaux, & près de 8,000 poſtillons. Si l'on ajoute aux grands chemins parcourus par les poſtes ceux ſur leſquels on ne trouve pas leur commode établiſſement, il eſt vraiſemblable que ce Royaume contient maintenant près de 12,000 lieues de grands chemins, &

probable qu'avant la révolution d'un demi fiecle, il en contiendra près de 18,000. Ainfi la
France feule aura exécuté chez elle, dans l'ef-
pace de deux fiecles, un tiers plus de chemin
que les Romains n'en eurent jamais dans leur
vafte Empire ; & à raifon de la différence de
largeur des uns & des autres, elle aura fait
trois fois plus d'ouvrage qu'eux, & ofons le
dire, elle laiffera, dans ce genre de travail, des
monumens inconnus aux Romains, & faits pour
les étonner.

Pour bien fentir la reconnoiffance qu'on doit
aux Adminiftrateurs qui fe font occupés des
chemins, il faudroit, rétrogradant de fix ou fept
fiecles, fe reporter à ces tems, où un homme
entreprenoit un voyage de 40 lieues, avec plus
de difficulté, qu'on ne part de nos jours, pour
l'Amérique ou pour les Indes. Un particulier
riche voyage aujourd'hui avec plus de luxe & plus
de commodité que les anciens maîtres du monde,
que les Céfars, malgré leur fortune & leur
puiffance, n'en purent jamais avoir. En effet,
il monte & fe renferme dans une berline, dont
l'intérieur eft meublé comme un riche appartement, & dont l'extérieur refplendiffant de
l'éclat des vernis & de la dorure, efface tout
ce qu'on nous raconte de la richeffe des anciens
chars de triomphe les plus fomptueux. Il y
repofe fur les couffins de la molleffe, il y eft
à l'abri de toutes les variations de l'atmofphere,
& cependant les glaces qui l'entourent lui permettent de jouir, comme s'il étoit à cheval &
en plein air, du fpectacle de la nature & des

pays qu'il traverſe avec une rapidité , qui en varie tellement les aſpects , qu'on diroit preſ- que qu'elle les multiplie uniquement pour ne pas permettre à l'ennui de l'approcher. Les reſ- forts ſur leſquels ſon char eſt ſuſpendu , ne lui laiſſent point ſentir ce que les chemins pour- roient avoir de rude : les cahots , les ſecouſſes , tout vient s'égarer & ſe perdre dans les feuilles élaſtiques qui les compoſent , afin de lui épar- gner juſqu'aux légeres impreſſions d'un mou- vement un peu bruſque , une cavalerie nom- breuſe qui parcourt ſans ceſſe ces chemins , pour en maintenir la police & la ſûreté , lui permet d'y courir ſans crainte & ſans danger , & le jour & la nuit. Il eſt certain d'y trouver de diſtance en diſtance tous les hommes , tous les chevaux dont il a beſoin. Pour s'éviter l'ennui d'attendre au relais , les courriers qui précedent ſa marche , l'annoncent d'avance , & lorſqu'il arrive tout eſt préparé pour qu'il continue ſa route ſans retard. Il n'a pas même beſoin d'être averti qu'il voyage , s'il charge ſon courrier de ſolder les frais de poſte , & à peine pourroit-il s'appercevoir qu'il a franchi d'immenſes éten- dues , ſi les différens aſpects de la nature que ſon œil contemple , ne lui prouvoient qu'il a changé d'horiſon. Court-il pendant la nuit , & le ſommeil vient-il demander à ſes ſens le tribut qu'ils ont accoutumé de lui payer , il peut ſatis- faire ce maître impérieux. La ſoupleſſe , la dou- ceur des mouvemens de ſon char , lui permet- tront de douter s'il n'eſt pas dans ſon lit. Veut-il veiller tandis que tout dort , il allume ſes lan-
ternes ,

ternes, fes reverberes ; & voilà qu'il éclaire le
chemin que fes courriers ont à parcourir , &
qu'il peut lui-même jouir de cette lumiere dans
fa voiture , qu'elle échaufferoit au befoin. Il y
brave les hivers & leur froidure , il a cent
moyens d'y fixer l'air à la température qui lui
plait. D'autres reffources s'offrent à lui contre
les brûlantes ardeurs de l'été , & il fait s'y procurer un air frais, lors même que l'horifon
qu'il franchit eft embrafé de tous les feux du
midi. Un long trajet enfin n'eft gueres plus
pénible pour lui que l'action de paffer , lorfqu'il
eft dans fa maifon, d'un appartement dans un
autre. Tout ce qui peut lui faire fentir agréa-
blement fon exiftence , l'accompagne & le fuit.
Eft-il blafé fur le fpectacle fans ceffe renaiffant
des mobiles payfages, il prend un livre & lit.
Veut-il fe rendre compte de fes penfées, il
écrit tandis que fon char vole. Sa garderobe,
fa toilette, fes armes, fa bibliotheque, fa cui-
fine même , tout ce qui lui eft utile ou agréable ,
il peut l'avoir avec lui , près de lui. Rien ne
lui manque, enfin, s'il a fu donner à fes côtés
une place à la femme que fon cœur chérit.

Voilà certes des jouiffances que les Romains ;
que les maîtres même de ces Dominateurs du
monde, qu'Augufte & Livie n'ont pu jamais
fe procurer. Voilà les effets d'une police nouvelle, d'une civilifation plus parfaite , d'arts
infiniment perfectionnés qui leur furent toujours
inconnus. Voilà ce qui frappe nos yeux fans ceffe,
& ce que nous ne confidérons pas affez , quand
nous voyons journellement nos concitoyens partir

de Paris pour Londres, Madrid, Rome, Berlin, Vienne ou Pétersbourg. Voilà enfin ce qu'on nous feroit remarquer & admirer jufqu'à fatiété, fi c'étoit les anciens auxquels on pût attribuer ces prodiges de notre induftrie.

F I N.

NOTE *relative à la page* 34.

On pourroit inférer de l'argument par lequel on prouve que le Clergé & la Nobleffe ont payé jufqu'ici leur part de la Corvée, que l'exemption accordée à ces Ordres, par les art. IV. & V. de l'Arrêt du Confeil du 6 feptembre 1786, ne change rien à leur fituation, puifqu'ils participeroient ainfi dans un rapport quelconque à l'acquit de la preftation pécuniaire à laquelle on foumet leurs Fermiers; mais on croit avoir folidement refuté cette objection, en prouvant que tout impôt repréfentatif du travail des chemins, affis fur le Colon, ou fur l'impôt territorial, manque effentiellement fon objet, fi le Légiflateur a penfé qu'il feroit ainfi payer le Propriétaire. De l'une ou de l'autre façon, dans moins de dix ans, & pour ainfi dire au premier renouvellement du bail des terres, l'impôt grévera le feul Colon; il n'y a qu'une addition à un impôt perfonnel qui puiffe remplir à cet égard les convenances, & ne pas bleffer la juftice. L'adminiftration de la Haute-Guyenne a confirmé cette vérité, en foumettant chaque Ordre au payement de fon contingent à cette charge publique.

www.ingramcontent.com/pod-product-compliance
Ingram Content Group UK Ltd.
Pitfield, Milton Keynes, MK11 3LW, UK
UKHW020934120726
13693UKWH00003B/1310